"十三五"高等职业教育规划教材

VMware 虚拟化技术

刘海燕　主编

中国铁道出版社
CHINA RAILWAY PUBLISHING HOUSE

内 容 简 介

VMware vSphere 6.0 是 VMware 公司推出的虚拟化产品。本书根据编者讲授 VMware 虚拟化课程和应用 VMware 虚拟化产品的经验，在参考 VMware vSphere 6.0 原版手册和国内外同类图书的基础上，从应用者的角度描述了 VMware vSphere 的应用和基于 VMware ESXi 的虚拟化应用。

本书共 12 章，主要内容包括 VMware Workstation 的使用、VMware vSphere 概述、VMware ESXi 安装配置与基本应用、VMware vCenter Server 的应用、虚拟机实时迁移、配置虚拟交换机、配置 vSphere 存储、VMware vCenter Converter 应用、vSphere 虚拟机备份与恢复解决方案、vSphere 资源管理、vSphere 可用性以及实训项目。

本书内容全面，条理清晰，理论难度适中，实验操作丰富，图文并茂，每章配有课后习题，以便于读者自学。

每章配有操作视频（微课），可以使用手机扫描书中的二维码进行观看；同时配有录课视频，可与出版社联系索取。

本书适合作为高等学校计算机网络技术专业的虚拟化技术课程教学用书，也可作为学习 VMware 虚拟化技术的参考用书。

图书在版编目（CIP）数据

VMware 虚拟化技术/刘海燕主编. —北京：中国铁道
出版社，2017.8
"十三五"高等职业教育规划教材
ISBN 978-7-113-23424-9

Ⅰ. ①V… Ⅱ. ①刘… Ⅲ. ①虚拟处理机-高等职业
教育-教材 Ⅳ. ①TP338

中国版本图书馆 CIP 数据核字（2017）第 174174 号

书　　名：VMware 虚拟化技术
作　　者：刘海燕　主编

策　　划：翟玉峰　　　　　　　　　　读者热线：（010）63550836
责任编辑：翟玉峰　冯彩茹
封面设计：付　巍
封面制作：刘　颖
责任校对：张玉华
责任印制：郭向伟

出版发行：中国铁道出版社（100054，北京市西城区右安门西街 8 号）
网　　址：http://www.tdpress.com/51eds/
印　　刷：北京鑫正大印刷有限公司
版　　次：2017 年 8 月第 1 版　　2017 年 8 月第 1 次印刷
开　　本：787mm×1092mm　1/16　印张：14　字数：337 千
印　　数：1～2 000 册
书　　号：ISBN 978-7-113-23424-9
定　　价：35.00 元

随着云计算技术的飞速发展，作为云计算关键技术之一的虚拟化技术也变得越来越重要。虚拟化技术发展至今，在技术上已经非常成熟。很多虚拟化厂商也推出了自己的产品，如 VMware vSphere、Microsoft Hyper-V、RedHat KVM、Ctrix Xen 等。在企业级虚拟化市场上，VMware vSphere 占据了很重要的地位。VMware vSphere 6.0 涵盖的内容非常广泛，包括 VMware ESXi 主机的搭建、vCenter Server 的部署、VMware HA 和 DRS 的使用等。

但是，当前市场上关于虚拟化技术方面的书籍并不多，针对高等学校编写的教材就更少。本书的目的是使初学者快速掌握与虚拟化相关的基础知识，并在此基础上深入学习虚拟化技术；同时，又使一般的读者在技术上得到提高。

本书根据作者讲授 VMware 虚拟化课程和应用 VMware 虚拟化产品的经验，在参考 VMware vSphere 6.0 原版手册和国内外同类图书的基础上编写而成。

本书共 12 章，第 1 章主要介绍了寄生架构的虚拟化——VMware Workstation 的使用，包括 VMware 虚拟机基础、VMware Workstation Pro 的简介和使用；第 2 章主要描述了物理体系结构与虚拟体系结构的差异、虚拟化技术实施的意义、VMware vSphere 虚拟化架构以及 VMware vSphere 主要的组件；第 3 章主要讲述了 VMware ESXi 的安装配置与基本应用，包括 VMware ESXi 体系架构、安装环境、如何安装 ESXi 以及 ESXi 的管理；第 4 章主要讲述了 VMware vCenter Server 的安装及虚拟机的操作；第 5 章主要讲述了 vMotion 的迁移原理以及使用 vMotion 迁移虚拟机；第 6 章主要介绍了虚拟标准交换机与虚拟分布式交换机各自的特点、管理标准虚拟交换机；第 7 章主要介绍了 vSphere 支持的存储文件格式以及 vSphere 存储的配置；第 8 章主要描述了 VMware vCenter Converter 的作用、迁移原理、安装和使用；第 9 章描述了 vSphere Data Protection 的体系架构以及如何安装 VDP 并使用 VDP 进行数据备份；第 10 章描述了资源池的特点及使用、DRS 的配置及使用；第 11 章描述了 vSphere 高可用性的优势、工作方式、互操作和容错的工作方式和互操性；第 12 章以实例的方式讲述了如何使用 VMware vSphere 的组件。

本书的主要特点如下：

（1）全书围绕 VMware vSphere 涉及的主要组件进行讲述，全面介绍了这些组件的作用及用法。

（2）全书章节安排条理清晰，通俗易懂，理论难度适中并与实际操作紧密结合。

（3）每章均有配套的教学 PPT 课件和远程教学视频供学习者参考，每章的操作实验和一些不易理解的重点与难点的微课均可使用手机扫描书中的二维码进行观看，远程教学视频可与出版社联系。

作为大学教材，建议安排 64 课时，其中 30 课时的理论讲授，34 课时的实操练习。在实

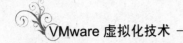

验环境中，建议每台机器上都安装 VMware Workstation 虚拟机，在虚拟机中安装 ESXi 主机，方便学生利用实验环境进行实际操作。

在本书的编写过程中，软件使用的是 VMware vSphere 6.0 版本，视频和微课的录制是 VMware vSphere 5.5 版本，在录制过程中使用的 ESXi 主机名称、虚拟机名称、IP 地址等与本书所使用的略有出入，但不影响读者学习，望读者见凉！

在本书的编写过程中，刘晓民、陈婷、李劲、王建国等老师对全书提出了许多宝贵意见，同时也参考了 VMware 公司的原版文档和一些学者的著作和论文，在此一并表示感谢！

由于编者水平有限，加之时间仓促，书中难免存在疏漏和不足之处，敬请广大读者批评指正。

编　者

2017 年 6 月

目录

第1章

➡ VMware Workstation 的使用

1.1 VMware 虚拟机基础

Virtual Machine 即虚拟机，从某种意义上看，其实也是一台物理机，与物理机一样具有 CPU、内存、硬盘等硬件资源，只不过这些硬件资源是以虚拟硬件方式存在的。

1.1.1 什么是虚拟机

虚拟机是一个可在其上运行受支持的客户操作系统和应用程序的虚拟硬件集，它由一组离散的文件组成。

虚拟机拥有操作系统和虚拟资源，其管理方式非常类似于物理机。例如，可以像在物理机中安装操作系统那样在虚拟机中安装操作系统。必须拥有包含操作系统供应商提供的安装文件的 CD-ROM、DVD 或 ISO 映像。

对于用户来说，能够分清"物理"计算机与"虚拟"计算机，而对于运行于计算机之中的操作系统来说，是无从分辨物理机与虚拟机的区别的。对于操作系统来说，无论物理机还是虚拟机，都是一样的。同样，对于运行在操作系统之上的软件来说，也是没有区别的。

1.1.2 虚拟机的组成文件

1. .log 文件

（1）命名规则：<vmname>.log or VMware.log。

（2）文件类型：日志文件。

（3）说明：该文件记录了 VMware Workstation 对虚拟机调试运行的情况。当碰到问题时，这些文件对做出故障诊断非常有用。

2. .nvram 文件

（1）命名规则：<vmname>.nvram。

（2）文件类型：VMware virtual machine BIOS。

（3）说明：该文件存储虚拟机 BIOS 状态信息。

3. .vmx 文件

（1）命名规则：<vmname>.log or VMware.log。

（2）文件类型：<vmname>.vmx。

（3）说明：VMware virtual machine configuration。

有时需要手动更改配置文件以达到对虚拟机硬件方面的更改。可使用文本编辑器进行编辑。

如果宿主机是 Linux，使用 VM 虚拟机，这个配置文件的扩展名将是.cfg。

4．.vmdk 文件

（1）命名规则：<vmname>.vmdk or <vmname>-s###.vmdk。

（2）文件类型：VMware virtual disk file。

（3）说明：这是虚拟机的磁盘文件，它存储虚拟机硬盘驱动器中的信息。一台虚拟机可以由一个或多个虚拟磁盘文件组成。如果在新建虚拟机时指定虚拟机磁盘文件为单独一个文件，系统将只创建一个<vmname>.vmdk 文件，该文件包括虚拟机磁盘分区信息以及虚拟机磁盘的所有数据。

随着数据写入虚拟磁盘，虚拟磁盘文件将变大，但始终只有这一个磁盘文件。如果在新建虚拟机时指定为每 2 GB 单独创建一个磁盘文件，虚拟磁盘总大小即决定虚拟磁盘文件的数量。系统将创建一个<vmname>.vmdk 文件和多个<vmname>-s###.vmdk 文件（s###为磁盘文件编号），其中<vmname>.vmdk 文件只包括磁盘分区信息，多个<vmname>-s###.vmdk 文件存储磁盘数据信息。随着数据写入某个虚拟磁盘文件，该虚拟磁盘文件将变大，直到文件大小为 2 GB，然后新的数据将写入到其他 s###编号的磁盘文件中。如果在创建虚拟磁盘时已经把所有的空间都分配完毕，那么这些文件将在初始时就具有最大尺寸并且不再变大。如果虚拟机是直接使用物理硬盘而不是虚拟磁盘，虚拟磁盘文件则存储虚拟机能够访问的分区信息。早期版本的 VMware 产品用.dsk 扩展名来表示虚拟磁盘文件。

当虚拟机有一个或多个快照时，就会自动创建<vmname>-<######>.vmdk 文件。该文件记录了创建某个快照时，虚拟机所有的磁盘数据内容。######为数字编号，根据快照数量自动增加。

5．.vmsd 文件

（1）命名规则：<vmname>.vmsd。

（2）文件类型：VMware snapshot metadata。

（3）说明：该文件存储虚拟机快照的相关信息和元数据。

6．.vmsn 文件

（1）命名规则：<vmname>-Snapshot<##>.vmsn。

（2）文件类型：VMware virtual machine snapshot。

（3）说明：当虚拟机建立快照时，就会自动创建该文件。有几个快照就会有几个此类文件。这是虚拟机快照的状态信息文件，它记录了在建立快照时虚拟机的状态信息。##为数字编号，根据快照数量自动增加。

7．.vmem 文件

（1）命名规则：<vmname>-<uuid>.vmem。

（2）文件类型：VMEM。

（3）说明：该文件为虚拟机内存页面文件，备份了客户机中运行的内存信息。这个文件只有在虚拟机运行时或崩溃后存在。

8.　.vmss 文件

（1）命名规则：<vmname>.vmss。

（2）文件类型：VMware suspended virtual machine state。

（3）说明：该文件用来存储虚拟机在挂起状态时的信息。一些早期版本的 VM 产品用.std 来表示这个文件。

9.　.vmtm 文件

（1）命名规则：<vmname>.vmtm。

（2）文件类型：VMware team configuration。

（3）说明：该文件为虚拟机组 Team 的配置文件。通常存在于虚拟机组 Team 的文件夹中。

10.　.vmxf 文件

（1）命名规则：<vmname>.vmxf。

（2）文件类型：VMware team member。

（3）说明：该文件为虚拟机组 Team 中的虚拟机的辅助配置文件。当一个虚拟机从虚拟机组 Team 中移除时，此文件还会存在。

1.1.3　虚拟机硬件介绍

虚拟机的硬件组成如图 1-1 所示。

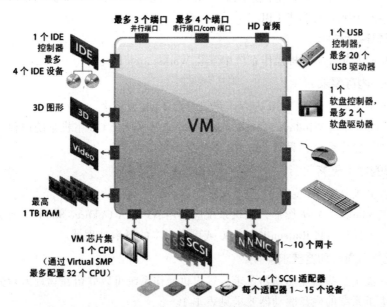

图 1-1　虚拟机整体硬件资源配置

1.2　VMware Workstation Pro 简介和使用

VMware Workstation Pro 是 VMware Workstation 版本号升级到 12.x 以后的名称。VMware Workstation12 Pro 延续了 VMware 的传统，即提供专业技术人员每天在使用虚拟机时所依赖的领先功能和性能。借助对最新版本的 Windows 和 Linux、最新的处理器和硬件的支持以及连

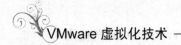

接到 VMware vSphere 和 vCloud Air 的能力，它是提高工作效率、节省时间和征服云计算的完美工具。

1.2.1 VMware Workstation Pro 的系统要求

1. 主机系统的处理器要求

（1）支持的处理器。

主机系统必须具有核心速度至少为 1.3 GHz 的 64 位 x86 CPU。支持多处理器系统。

在安装 Workstation Pro 时，安装程序会进行检查以确保主机系统具有受支持的处理器。如果主机系统不符合处理器要求，将无法安装 Workstation Pro。

（2）64 位客户机操作系统的处理器要求。

虚拟机中运行的操作系统称为客户机操作系统。要运行 64 位客户机操作系统，主机系统必须使用下列某种处理器：

（1）在长模式下提供分段限制支持的 AMD CPU。

（2）带有 VT-x 支持的 Intel CPU。

如果使用了具有 VT-x 支持的 Intel CPU，必须确认已在主机系统 BIOS 中启用了 VT-x 支持。

（3）Windows 7 Aero 图形的处理器要求。

为支持 Windows 7 Aero 图形，主机系统应使用 Intel 双核 2.2 GHz 或更高版本 CPU，或者使用 AMD Athlon 4200+或更高版本 CPU。

2. 支持的主机操作系统

可以在 Windows 和 Linux 主机操作系统中安装 Workstation Pro。

3. 主机系统的内存要求

（1）主机系统最少需要具有 1 GB 内存。建议具有 2 GB 或更多。

（2）要在虚拟机中提供 Windows 7 Aero 图形支持，至少需要 3 GB 主机系统内存。有 1 GB 的内存分配给客户机操作系统，另有 256 MB 分配给图形内存。

4. 主机系统的显示要求

（1）主机系统必须具有 16 位或 32 位显示适配器。

（2）为支持 Windows 7 Aero 图形，主机系统应使用 NVIDIA GeForce 8800GT 或更高版本的图形处理器，或者使用 ATI Radeon HD 2600 或更高版本的图形处理器。

5. 主机系统的磁盘驱动器要求

主机系统必须满足某些磁盘驱动器要求。客户机操作系统可以驻留在物理磁盘分区或虚拟磁盘文件中。主机系统的磁盘驱动器要求见表 1-1。

表 1-1　主机系统的磁盘驱动器要求

驱动器类型	要　　求
硬盘	支持 IDE、SATA 和 SCSI 硬盘
	建议为每个客户机操作系统和其中所用的应用程序软件分配至少 1 GB 的可用磁盘空间。如果使用默认设置，则实际的磁盘空间需求大致相当于在物理机上安装/运行客户机操作系统及应用程序的需求

续表

驱动器类型	要　　求
硬盘	对于基本安装，Windows 和 Linux 上应具备 1.5 GB 可用磁盘空间。可以在安装完成后删除安装程序来回收磁盘空间
CD-ROM 和 DVD 光盘驱动器	支持 IDE、SATA 和 SCSI 光驱
	支持 CD-ROM 和 DVD 驱动器
	支持 ISO 磁盘映像文件
软盘	虚拟机可以连接主机上的磁盘驱动器。另外还支持软盘磁盘映像文件

6. 主机系统的 ALSA 要求

要在虚拟机中使用 ALSA，主机系统必须满足特定要求。

（1）主机系统中的 ALSA 库版本必须为 1.0.16 或更高版本。

（2）主机系统中的声卡必须支持 ALSA。ALSA 项目网站提供了支持 ALSA 的声卡和芯片集的最新列表。

（3）主机系统中的声音设备不能静音。

（4）当前用户必须具有适当的权限才能使用声音设备。

1.2.2　VMware Workstation Pro 虚拟机功能

Workstation Pro 虚拟机支持特定的设备并提供特定功能。

1. 支持的客户机操作系统

客户机操作系统可以是 Windows、Linux 及其他常用操作系统。

2. 虚拟机处理器支持

虚拟机支持特定处理器功能。

（1）与主机处理器相同。

（2）在具有一个或多个逻辑处理器的主机系统上使用一个虚拟处理器。

（3）在至少具有两个逻辑处理器的主机系统上最多使用 8 个虚拟处理器（八路虚拟对称多处理，即虚拟 SMP）。

3. 虚拟机芯片集和 BIOS 支持

虚拟机支持某些虚拟机芯片集和 BIOS 功能。

（1）基于 Intel 440BX 的主板。

（2）NS338 SIO 芯片集。

（3）82093AA I/O 高级可编程控制器（I/O APIC）。

（4）Phoenix BIOS 4.0 第 6 版（带 VESA BIOS）。

4. 虚拟机内存分配

可分配到单个主机系统中运行的所有虚拟机的内存总量仅受主机 RAM 量限制。

在 64 位主机中，每个虚拟机的最大内存量为 64 GB。在 32 位主机中，每个虚拟机的最大内存容量为 8 GB。Workstation Pro 会阻止在 32 位主机中启动配置为使用 8 GB 以上内存的虚拟机。32 位操作系统的内存管理限制会导致虚拟机内存过载，并因此严重影响系统性能。

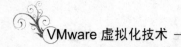

5. 虚拟机图形和键盘支持

虚拟机支持特定的图形功能。

（1）支持 VGA 和 SVGA。

（2）支持 104 键的键盘。

（3）要在 Windows XP、Windows 7 或更高版本的客户机操作系统中使用 GL_EXT_texture_compression_s3tc 和 GL_S3_s3tc 开放图形库（OpenGL）扩展，必须在客户机操作系统中安装 Microsoft DirectX End-User Runtime。OpenGL 是用于定义 2D 和 3D 计算机图形的 API。可以从 Microsoft 下载中心下载 Microsoft DirectX End-User Runtime。

适用于 Windows 和 Linux 的 VMware 客户机操作系统 OpenGL 驱动程序仅支持 OpenGL 3.3 Core Profile。不支持 OpenGL 3.3 Compatibility Profile。

6. 虚拟机 IDE 驱动器支持

虚拟机支持特定 IDE 驱动器和功能。

（1）最多支持 4 个设备，包括磁盘、CD-ROM 驱动器和 DVD 驱动器。

（2）DVD 驱动器只能用于读取数据 DVD。

（3）不支持 DVD 视频。

（4）硬盘可以是虚拟磁盘或物理磁盘。

（5）IDE 虚拟磁盘的容量最高可以为 8 TB。

（6）CD-ROM 驱动器可以是物理设备或 ISO 映像文件。

7. 虚拟机 SCSI 设备支持

虚拟机支持特定 SCSI 设备和功能。

（1）最多支持 60 个 SCSI 设备。

（2）SCSI 虚拟磁盘的容量最高可以为 8 TB。

（3）硬盘可以是虚拟磁盘或物理磁盘。

（4）通用 SCSI 支持使用户无需在主机操作系统中安装驱动程序，即可在虚拟机中使用 SCSI 设备。通用 SCSI 支持适用于扫描仪、CD-ROM 驱动器、DVD 驱动器、磁带驱动器以及其他 SCSI 设备。

（5）支持 LSI Logic LSI53C10xx Ultra320 SCSI I/O 控制器。

8. 虚拟机软盘驱动器支持

虚拟机可以安装软盘驱动器。

（1）虚拟机最多可支持 2 个 1.44MB 的软盘驱动器。

（2）软盘驱动器可以是物理驱动器，也可以是软盘映像文件。

9. 虚拟机串行和并行端口支持

虚拟机支持串行（COM）端口和并行（LPT）端口。

（1）最多支持 4 个串行（COM）端口。输出可以发送到串行端口、Windows 或 Linux 文件，或者命名的管道。

（2）最多支持 3 个双向并行（LPT）端口。输出可以发送到并行端口或主机操作系统文件。

10. 虚拟机 USB 端口支持

虚拟机可以拥有 USB 端口，并支持特定 USB 设备。

（1）为所有虚拟机硬件版本均提供 USB 1.1 UHCI（通用主机控制器接口）支持。

（2）如果虚拟机硬件兼容 Workstation 6 及更高版本的虚拟机，还提供 USB 2.0 EHCI（增强型主机控制器接口）支持。

（3）为运行 2.6.35 或更高版本内核的 Linux 客户机以及 Windows 8 客户机提供 USB 3.0 xHCI（可扩展型主机控制器接口）支持。虚拟机硬件必须兼容 Workstation 8 及更高版本的虚拟机。

（4）如果希望获得 USB 2.0 和 USB 3.0 支持，必须配置虚拟机设置以启用 USB 2.0 和 USB 3.0 支持，并确保具有与之兼容的客户机操作系统和虚拟机硬件版本。

（5）支持大多数 USB 设备，包括 USB 打印机、扫描仪、PDA、硬盘驱动器、存储卡读卡器和数码照相机。还支持网络摄像头、扬声器和麦克风等流媒体设备。

11. 虚拟机鼠标和绘图板支持

虚拟机支持某些类型的鼠标和绘图板。

（1）支持 PS/2 和 USB 类型的鼠标。

（2）支持串行绘图板。

（3）支持 USB 绘图板。

12. 虚拟机以太网卡支持

虚拟机支持特定类型的以太网卡。

（1）虚拟机最多支持 10 个虚拟以太网卡。

（2）支持 AMD PCnet–PCI II 以太网适配器。对于 64 位客户机，也支持 Intel Pro/1000 MT 服务器适配器。

13. 虚拟机网络连接支持

虚拟机支持特定以太网交换机和网络连接协议。

（1）在 Windows 主机操作系统中，最多支持 10 个虚拟以太网交换机。在 Linux 主机操作系统中，最多支持 255 个虚拟以太网交换机。

（2）默认情况下会配置 3 个交换机，分别用于桥接模式网络连接、仅主机模式网络连接和 NAT 模式网络连接。

（3）支持大多数基于以太网的协议，包括 TCP/IP、NetBEUI、Microsoft Networking、Samba、Novell NetWare 和网络文件系统（NFS）。

（4）内置 NAT 模式网络连接支持使用 TCP/IP、FTP、DNS、HTTP 和 Telnet 的客户端软件。还支持 VPN，从而实现 PPTP over NAT。

14. 虚拟机声音支持

Workstation Pro 提供了兼容 Sound Blaster AudioPCI 以及 Intel 高保真音频规范的声音设备。Workstation Pro 声音设备默认为启用状态。

Workstation Pro 支持所有 Windows 和 Linux 客户机操作系统中的声音。

声音支持包括脉冲代码调制（PCM）输出和输入，用户可以播放.wav 文件、MP3 音频和 Real Media 音频。虚拟机通过 Windows 软件合成器为 Windows 客户机操作系统的 MIDI 输出提供支持，但是不支持 MIDI 输入。对于 Linux 客户机操作系统，虚拟机不提供 MIDI 支持。

Windows XP、Windows Vista、Windows 7 和最新的 Linux 分发版本可检测声音设备，并自

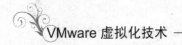

动安装适用的驱动程序。

对于 Workstation 7.x 和更早版本的虚拟机，VMware Tools 中的 vmaudio 驱动程序会自动安装到 64 位 Windows XP、Windows 2003、Windows Vista、Windows 2008 和 Windows 7 客户机操作系统，以及 32 位 Windows 2003、Windows Vista、Windows 2008 和 Windows 7 客户机操作系统。

对于 Workstation 8.x 和更高版本的虚拟机，默认情况下会具有适合 64 位及 32 位 Windows Vista 和 Windows 7 客户机操作系统及服务器操作系统的高清晰度音频（HD 音频）设备。Windows 为不属于 VMware Tools 的 HD 音频提供了驱动程序。

在 Linux 主机系统中，Workstation 7.x 和更高版本可支持高级 Linux 声音架构（ALSA）。更早版本的 Workstation 使用开放声音系统（OSS）接口处理 Linux 主机系统中运行的虚拟机的声音播放和录制。与 OSS 不同，ALSA 不需要对声音设备进行独占访问。这意味着主机系统和多个虚拟机可以同时播放声音。

1.2.3 VMware Workstation Pro 的安装

（1）双击安装程序后进入 VMware Workstation Pro 安装向导界面，如图 1-2 所示。

操作视频 VMware 的安装

图 1-2　VMware Workstation Pro 安装向导界面

（2）在"欢迎使用 VMware Workstation Pro 安装向导"对话框中单击"下一步"按钮开始安装，如图 1-3 所示。

（3）在"最终用户许可协议"对话框中，选中"我接受许可协议中的条款"复选框，并单击"下一步"按钮继续安装，如图 1-4 所示。

（4）在"自定义安装"对话框中，选择安装的位置，并单击"下一步"按钮，如图 1-5 所示。

（5）在"用户体验设置"对话框中，选中"启动时检查产品更新"和"帮助完善 VMware Workstation Pro"复选框，并单击"下一步"按钮，如图 1-6 所示。

（6）在"快捷方式"对话框中，选择放入系统的快捷方式，并单击"下一步"按钮，如图 1-7 所示。

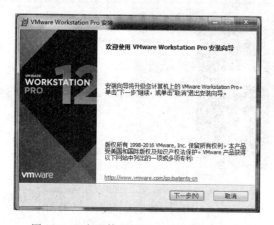

图 1-3　"欢迎使用 VMware Workstation Pro
安装向导"对话框

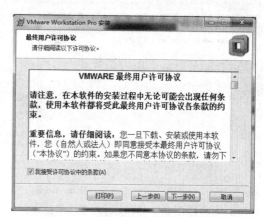

图 1-4　"最终用户许可协议"对话框

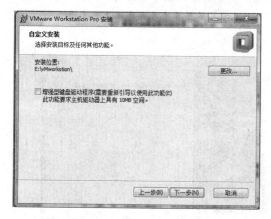

图 1-5　"自定义安装"对话框

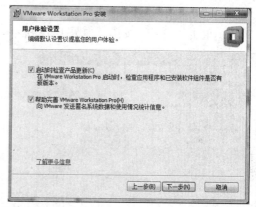

图 1-6　"用户体验设置"对话框

（7）在"准备升级 VMware Workstation Pro"对话框中，单击"升级"按钮，如图 1-8 所示所示，开始安装 VMware Workstation Pro，图 1-9 为安装进度界面。

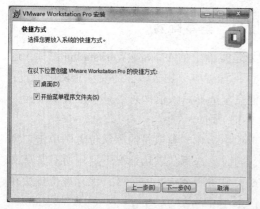

图 1-7　"快捷方式"对话框

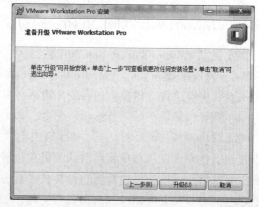

图 1-8　"准备升级 VMware Workstation Pro"对话框

（8）在"VMware Workstation Pro 安装向导已完成"对话框中，单击"许可证"按钮，如图 1-10 所示。

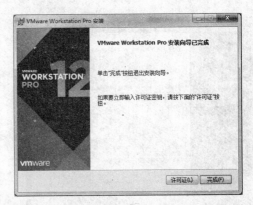

图 1-9　"正在安装 VMware Workstation
　　　　　Pro"对话框

图 1-10　"VMware Workstation Pro 安装向
　　　　　　导已完成"对话框

（9）在"输入许可证密钥"对话框中，输入 VMware Workstation Pro 的序列号，如图 1-11 所示。

（10）单击"完成"按钮，如图 1-12 所示，安装完成。

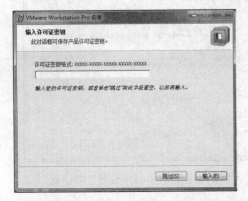

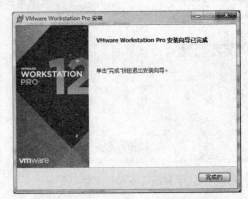

图 1-11　"输入许可证密钥"对话框

图 1-12　"VMware Workstation Pro 安装向导
　　　　　　已完成"对话框

1.2.4　VMware Workstation Pro 的初次使用与基本配置

在安装完 VMware Workstation Pro 后，就可以双击桌面上的 VMware Workstation 图标，运行 VMware Workstation Pro。VMware Workstation Pro 的配置参数比较多，需要注意两个配置：虚拟机默认保存位置与虚拟机内存使用设置，其他完全选择默认值即可。具体配置如下：

（1）选择"编辑"→"首选项"命令，如图 1-13 所示。

（2）弹出"首选项"对话框，在"工作区"选项中，在"虚拟机的默认位置"单击"浏览"按钮，选择虚拟机和项目组默认的保存位置，同时，选择"默认情况下启用所有共享文件夹"复选框。这里应该选择当前计算机，具有最大可用剩余空间的分区；保存虚拟机所在的磁盘空间至少需要有 10 GB 可用磁盘空间，如图 1-14 所示。

（3）在"显示"选项中，修改"自动适应""全屏""菜单和工具栏"中的信息，如图 1-15 所示。

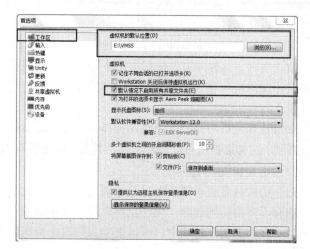

图 1-13　选择"首选项"命令　　　　　　图 1-14　"工作区"选项设置

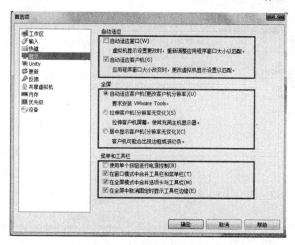

图 1-15　"显示"选项设置

（4）在"内存"选项中，为虚拟机分配内存，如图 1-16 所示。

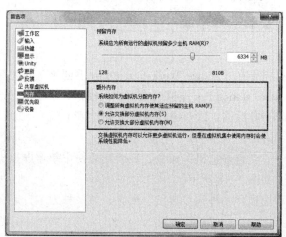

图 1-16　"内存"选项设置

预留内存：

设置操作系统为虚拟机保存多少内存。使用 VMware Workstation 的物理主机通常要有较多的物理内存，这样才有办法保留更多的内存给虚拟机使用。此处设置为总数，所有的虚拟机都共用此保留内存。

额外内存：

如果物理主机内存较大，建议选择"调整所有虚拟机内存使其适应预留的主机 RAM 的单选按钮，这样虚拟机可以得到最佳的性能。因为所有的虚拟机的内存将占用上述预备内存，而不使用硬盘作为 Swapping。

内存稍大且希望虚拟机运行流畅则建议选择"允许交换部分虚拟机内存"单选按钮。

内存不多的话则选择"允许交换大部分虚拟机内存"单选按钮。

（5）在"热键"选项中，可以查看或修改虚拟机的热键，如图 1-17 所示。

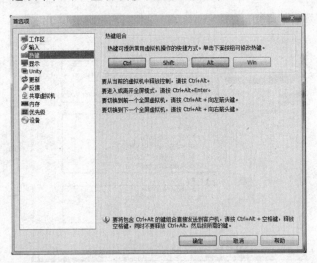

图 1-17 "热键"选项设置

设置完成后，单击"确认"按钮，保存设置退出。

1.2.5 创建虚拟机与安装操作系统

1. 创建虚拟机

可以使用新建虚拟机向导在 VMware Workstation Pro 中创建新的虚拟机，克隆现有的 VMware Workstation Pro 虚拟机或虚拟机模板，导入第三方及开放虚拟化格式（OVF）虚拟机，以及通过物理机创建虚拟机。下面对如何创建虚拟机进行详细讲解。

操作视频：创建
虚拟机

（1）选择"文件"→"新建虚拟机"命令，在"欢迎使用新建虚拟机向导"对话框中选择"自定义"单选按钮，如图 1-18 所示。

该对话框中，有两种选项：一种为"典型"配置，另一种为"自定义高级"配置。

- 典型配置

如果选择典型配置，则必须指定或接受一些基本虚拟机设置的默认设置：

① 客户机操作系统的安装方式。

② 虚拟机名称和虚拟机文件位置。

③ 虚拟磁盘的大小，以及是否将磁盘拆分为多个虚拟磁盘文件。

④ 是否自定义特定的硬件设置，包括内存分配、虚拟处理器数量和网络连接类型。

● 自定义高级配置

如果需要执行以下任何硬件自定义工作，则必须选择自定义配置：

① 创建使用不同于默认硬件兼容性设置中的 Workstation Pro 版本的虚拟机。

② 选择 SCSI 控制器的 I/O 控制器类型。

③ 选择虚拟磁盘设备类型。

④ 配置物理磁盘或现有虚拟磁盘，而不是创建新的虚拟磁盘。

⑤ 分配所有虚拟磁盘空间，而不是让磁盘空间逐渐增长到最大容量。

（2）在"选择客户机操作系统"对话框中，选择需要安装的"客户机操作系统"，并选择"版本"类型，如图 1-19 所示。

图 1-18　"欢迎使用新建虚拟机向导"对话框　　　图 1-19　"选择客户机操作系统"对话框

（3）在"命名虚拟机"对话框中，输入虚拟机名和存放虚拟机文件的文件夹的路径，如图 1-20 所示。虚拟机文件的默认目录名称衍生于客户机操作系统的名称。对于标准虚拟机，虚拟机文件的默认目录位于虚拟机目录中。为获得最佳性能，请勿将虚拟机目录放到网络驱动器中。如果其他用户需要访问虚拟机，请考虑将虚拟机文件放到能被这些用户访问的位置。对于共享虚拟机，虚拟机文件的默认目录位于共享虚拟机目录中。共享虚拟机文件必须驻留在共享虚拟机目录中。

（4）在"处理器配置"对话框中，为虚拟机指定处理器数量，并单击"下一步"按钮，如图 1-21 所示。

只有拥有至少两个逻辑处理器的主机才支持指定多个虚拟处理器。启用了超线程或具有双核 CPU 的单处理器主机可视为拥有两个逻辑处理器。具有两个 CPU 的多处理器主机无论是否为双核处理器或是否启用了超线程，均视为拥有至少两个逻辑处理器。

对于主要运行办公生产应用程序和 Internet 生产应用程序的 Windows 虚拟机来说，使用多个虚拟处理器并无好处，所以最好选择默认的单个虚拟处理器。对于服务器工作负载和数

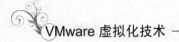

据密集型计算应用程序，额外添加虚拟处理器可以提高应用程序的性能。

| 图 1-20 "命名虚拟机"对话框 | 图 1-21 "处理器配置"对话框 |

有些情况下，添加额外的处理器可能会降低虚拟机和计算机的整体性能。如果操作系统或应用程序不能有效利用处理器资源，就会出现这种情况。这种情况下减少处理器的数量。

将计算机上的所有处理器都分配给虚拟机会导致性能极差。即使没有应用程序正在运行，主机操作系统也必须继续执行后台任务。将所有处理器都分配给一个虚拟机将导致重要任务无法完成。表 1-2 为不同需求对应的处理器数量设置。

表 1-2　处理器数量数量设置

应用程序	建议的处理器数量
桌面应用程序	1 个处理器
服务器操作系统	2 个处理器
视频编码、建模以及科研应用程序	4 个处理器

（5）在"此虚拟机的内存"对话框中，为虚拟机分配内存，如图 1-22 所示。

在对话框中，颜色编码图标对应于最大推荐内存、推荐内存和客户机操作系统最低推荐内存。要调整分配给虚拟机的内存，需沿内存值范围移动滑块。范围上限是由分配给所有运行的虚拟机的内存量决定的。如果允许交换虚拟机内存，将更改该值以反映指定的交换量。

在 64 位主机中，每个虚拟机的最大内存量为 64 GB。在 32 位主机中，每个虚拟机的最大内存量为 8 GB。在 32 位主机中，无法开启配置为使用超过 8 GB 内存的虚拟机。32 位操作系统的内存管理限制导致虚拟机内存过载，这会严重影响系统性能。

微课：一线相连—VMware
网卡工作模式

为单个主机中运行的所有虚拟机分配的内存总量仅受主机上的 RAM 量限制。可以修改 VMware Workstation Pro 内存设置以更改可用于所有虚拟机的内存量。

（6）在"网络类型"对话框中，为虚拟机选择网络连接类型。VMware Workstation Pro 提供桥接模式网络连接、网络地址转换（NAT）、仅主机模式网络连接和自定义网络连接选项，用于为虚拟机配置虚拟网络连接。在安装 VMware Workstation Pro 时，已在主机系统中安装用于所有网络连接配置的软件，如图 1-23 所示。

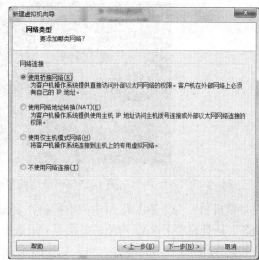

图 1-22　"此虚拟机的内存"对话框　　　　图 1-23　"网络类型"对话框

- 使用桥接网络

使用桥接模式网络连接时，虚拟机将具有直接访问外部以太网网络的权限。虚拟机必须在外部网络中具有自己的 IP 地址。如果主机系统位于网络中，而且拥有可用于虚拟机的单独 IP 地址（或者可以从 DHCP 服务器获得 IP 地址），请选择此设置。网络中的其他计算机将能与该虚拟机直接通信。

在图 1-24 中，虚拟机 A1、A2 是主机 A 中的虚拟机，虚拟机 B1 是主机 B 中的虚拟机。在图中，A1、A2 与 B1 采用"桥接模式"，则 A1、A2、B1 与 A、B、C 任意两台或多台之间都可以互访（需设置为同一网段）。此时，A1、A2、B1 与 A、B、C 处于相同的地位，要把它们都当作一台真实的计算机进行设置和使用。

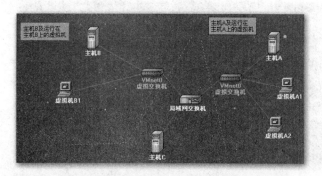

图 1-24　桥接模式网络连接图

- 使用网络地址转换

为虚拟机配置 NAT 连接。利用 NAT，虚拟机和主机系统将共享一个网络标识，此标识在网络以外不可见。如果没有可用于虚拟机的单独 IP 地址，但又希望能够连接到 Internet，需

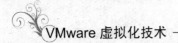
选择 NAT。此时虚拟机可以通过主机单向访问网络上的其他工作站（包括 Internet 网络），其他工作站不能访问虚拟机。图 1-25 为网络地址转换模式网络连接图。

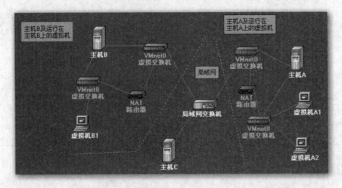

图 1-25　网络地址转换模式网络连接图

虚拟机 A1、A2 是主机 A 中的虚拟机，虚拟机 B1 是主机 B 中的虚拟机。其中的 "NAT 路由器" 是只启用了 NAT 功能的路由器，用来把 VMnet8 交换机上连接的计算机通过 NAT 功能连接到 VMnet0 虚拟交换机。A1、A2、B1 设置为 NAT 方式，此时 A1、A2 可以单向访问主机 B、C，而 B、C 不能访问 A1、A2；B1 可以单向访问主机 A、C，而 A、C 不能访问 B1；A1、A2 与 A，B1 与 B 可以互访。

● 仅主机模式网络

为虚拟机配置仅主机模式网络连接。仅主机模式网络连接使用对主机操作系统可见的虚拟网络适配器，在虚拟机和主机系统之间提供网络连接。

使用仅主机模式网络连接时，虚拟机只能与主机系统以及仅主机模式网络中的其他虚拟机进行通信。要设置独立的虚拟网络，请选择仅主机模式网络连接。

在图 1-26 中，虚拟机 A1、A2 是主机 A 中的虚拟机，虚拟机 B1 是主机 B 中的虚拟机。若 A1、A2、B1 设置成 host 方式，则 A1、A2 只能与 A 互访，A1、A2 不能访问主机 B、C，也不能被这些主机访问；B1 只能与主机 B 互访，B1 不能与主机 A、C 互访。

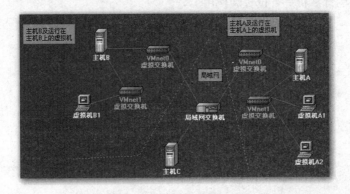

图 1-26　仅主机模式网络连接图

（7）在 "选择 I/O 控制器类型" 对话框中，选择 SCSI 控制器类型，如图 1-27 所示。

Workstation Pro 将在虚拟机中安装 IDE 控制器和 SCSI 控制器。某些客户机操作系统支持 SATA 控制器。IDE 控制器始终是 ATAPI。对于 SCSI 控制器，可以选择 BusLogic、LSI Logic

或 LSI Logic SAS。如果要在 ESX 主机中创建远程虚拟机，还可以选择 VMware 准虚拟 SCSI（Paravirtual SCSI，PVSCSI）适配器。

BusLogic 和 LSI Logic 适配器具有并行接口。LSI Logic SAS 适配器具有串行接口。LSI Logic 适配器已提高性能，与通用 SCSI 设备结合使用效果更好。LSI Logic 适配器也受 ESX Server 2.0 和更高版本支持。

PVSCSI 适配器为高性能存储适配器，提供的吞吐量更高，CPU 占用率更低。此适配器最适合硬件或应用程序会产生极高 I/O 吞吐量的环境，如 SAN 环境。PVSCSI 适配器不适合用于 DAS 环境。

（8）在"选择磁盘类型"对话框中，选择 SCSI 控制器类型，如图 1-28 所示。

图 1-27　"选择 I/O 控制器类型"对话框　　　　图 1-28　"选择磁盘类型"对话框

（9）在"选择磁盘"对话框中，提供了 3 种磁盘的使用类型，创建新虚拟磁盘、使用现有虚拟磁盘或者使用物理磁盘，可以根据不同的需要选择磁盘的使用方式，如图 1-29 所示。表 1-3 为每种磁盘类型所需的信息。

表 1-3　每种磁盘类型所需的信息

磁盘类型	说　　明
新虚拟磁盘	如果指定将所有磁盘空间存储在单个文件中，VMwareWorkstation Pro 会使用提供的文件名创建一个 40 GB 的磁盘文件。如果指定将磁盘空间存储在多个文件中，VMwareWorkstation Pro 会使用提供的文件名生成后续文件名。如果指定文件大小可以增加，后续文件名的文件编号中将包含一个 s，例如 Windows 7-s001.vmdk。如果指定在创建虚拟磁盘时立即分配所有磁盘空间，后续文件名的文件编号中将包含一个 f，例如 Windows 7-f001.vmdk
现有虚拟磁盘	需要选择现有虚拟磁盘文件的名称和位置
物理磁盘	当向导提示选择物理磁盘，并指定是使用整个磁盘还是单个分区时，必须指定一个虚拟磁盘文件。Workstation Pro 会使用该虚拟磁盘文件存储物理磁盘的分区访问配置信息

（10）在"指定磁盘容量"对话框中，设置最大磁盘的大小，如图 1-30 所示。

如果在自定义配置过程中指示新建虚拟机向导创建新的虚拟磁盘，向导会提示设置虚拟磁盘大小并指定是否将磁盘拆分为多个虚拟磁盘（.vmdk）文件。

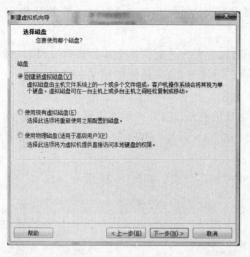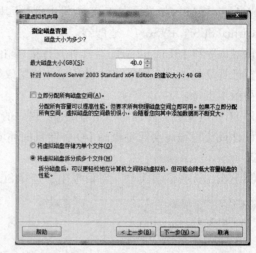

图 1-29 "选择磁盘"对话框　　　　图 1-30 "指定磁盘容量"对话框

　　一个虚拟磁盘由一个或多个虚拟磁盘文件构成。虚拟磁盘文件用于存储虚拟机硬盘驱动器的内容。文件中几乎所有的内容都是虚拟机数据。有一小部分文件会分配用于虚拟机开销。如果虚拟机直接连接到物理磁盘，虚拟磁盘文件将存储有关虚拟机可访问分区的信息。

　　可以为虚拟磁盘文件设置 0.001 GB 到 8 TB 之间的容量。还可以选择将虚拟磁盘存储为单个文件还是拆分为多个文件。

　　如果虚拟磁盘存储在具有文件大小限制的文件系统上，请选择将虚拟磁盘拆分成多个文件。如果拆分的虚拟磁盘大小不到 950 GB，则会创建一系列 2 GB 大小的虚拟磁盘文件。如果拆分的虚拟磁盘大小超过 950 GB，则会创建两个虚拟磁盘文件。第一个虚拟磁盘文件最大可达到 1.9 TB，第二个虚拟磁盘文件则存储剩余的数据。

　　在自定义配置中，可以选择立即分配所有磁盘空间以立即分配所有磁盘空间，而不是允许磁盘空间逐渐增长到最大。立即分配所有磁盘空间可能有助于提高性能，但操作会耗费很长时间，需要的物理磁盘空间相当于为虚拟磁盘指定的数量。如果立即分配所有磁盘空间，将无法使用压缩磁盘功能。

　　创建完虚拟机后，可以编辑虚拟磁盘设置并添加其他虚拟磁盘。

　　（11）在"指定磁盘文件"对话框中，设置磁盘文件的存放位置，如图 1-31 所示。

　　（12）在"已准备好创建虚拟机"对话框中，显示了新建虚拟机的名称、存放位置、VMware Workstation 的版本、安装的操作系统的类型、硬盘与内存容量等信息，如图 1-32 所示。单击"完成"按钮，完成虚拟机的创建。

2. 在虚拟机中安装操作系统

　　安装文件的来源一般有下面几种，可以任选一种：

　　（1）直接用安装光盘使用物理光驱来安装。

　　（2）用 UltraISO（WinISO）将安装光盘制作成"光盘映像文件"（.iso）。

下面介绍使用 ISO 镜像的方式安装操作系统。

　　（1）打开 VMware Workstation Pro，单击需要安装操作系统的虚拟机，单击"编辑虚拟机设置"按钮，如图 1-33 所示。

操作视频：安装
操作系统

图 1-31　"指定磁盘文件"对话框

图 1-32　"已准备好创建虚拟机"对话框

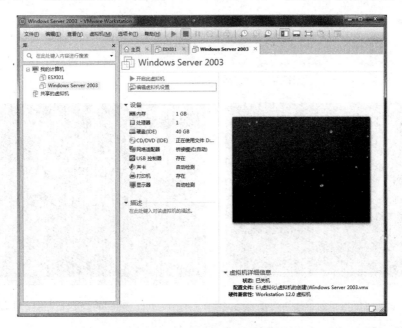

图 1-33　虚拟机主界面

（2）在"虚拟机设置"对话框中，单击"硬件"选项，选择 CD/DVD 驱动器，如图 1-34 所示，在"连接"中，选择"使用 ISO 映像文件"单选按钮，单击"浏览"按钮，选择 ISO 文件所在的位置，单击"确定"按钮。在虚拟机界面，单击"开启此虚拟机"，开始安装操作系统。

（3）在"欢迎使用安装程序"对话框中，选择"要现在安装 Windows，请按 Enter 键"，按 Enter 键安装，如图 1-35 所示。

（4）在"Windows 授权协议"对话框中，按 F8 键继续安装，如图 1-36 所示。

（5）在"安装程序"对话框中，选择"用 NTFS 文件系统格式化磁盘分区"，按 Enter 键继续，如图 1-37 所示。

（6）在"自定义软件"对话框中，输入姓名和单位，单击"下一步"按钮继续安装，如图 1-38 所示。

图 1-34 "虚拟机设置"对话框

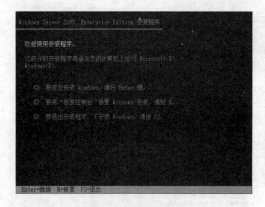

图 1-35 "欢迎使用安装程序"对话框

图 1-36 "Windows 授权协议"对话框

图 1-37 "安装程序"对话框

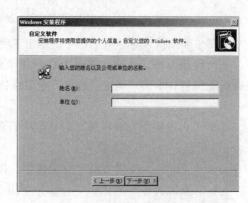

图 1-38 "自定义软件"对话框

（7）在"您的产品密钥"对话框（见图 1-39）中，输入产品密钥，单击"下一步"按钮继续安装。

（8）在"计算机名称和管理员密码"对话框中，输入管理员密码，并确认密码，单击"下一步"按钮继续安装，如图 1-40 所示。

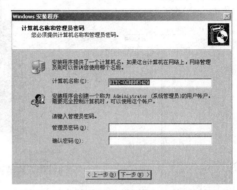

图 1-39　"输入产品密钥"对话框　　图 1-40　"计算机名称和管理员密码"对话框

（9）在"日期和时间设置"对话框中，设置日期、时间和时区，如图 1-41 所示，单击"下一步"按钮继续安装。

（10）在"网络设置"对话框中，选择"典型设置"单选按钮，单击"下一步"按钮继续安装，如图 1-42 所示。

图 1-41　"日期和时间设置"对话框　　　　图 1-42　"网络设置"对话框

（11）安装完成后，输入用户名和密码，单击"确定"按钮启动操作系统，如图 1-43 所示。

3. 设置虚拟机 BIOS

（1）启动虚拟机后，首先进入虚拟机的"自检"界面。如果进入虚拟机的 BIOS 设置，在开机后，马上用鼠标在虚拟机窗口单击，然后按 F2 键进入 BIOS 设置界面。

（2）如果上述方法来不及，可以在该虚拟机关机状态下，选择"虚拟机"→"电源"→"启动时进入 BIOS"命令，如图 1-44 所示。

图 1-43　"登录到 Windows"界面

（3）如果从光盘启动，从 BIOS 设置界面内，将光标移到"Boot"，按加、减号键修改 BIOS 设置，并按 F10 键保存退出，如图 1-45 所示。

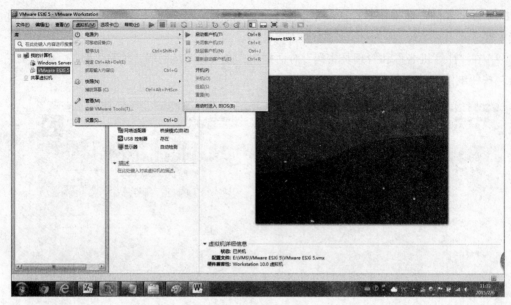

图 1-44　设置虚拟机 BIOS

4. 安装 VMware Tools 工具包

1）VMware Tools 的作用

VMware Tools 是 VMware 虚拟机中自带的一种增强工具，相当于 VirtualBox 中的增强功能，是 VMware 提供的增强虚拟显卡和硬盘性能、以及同步虚拟机与主机时钟的驱动程序。

在 VMware 虚拟机中安装好操作系统后，需要安装 VMware Tools，安装 VMware Tools 的作用如下：

（1）更新虚拟机中的显卡驱动，使虚拟机中的 XWindows 可以运行在 SVGA 模式下。

图 1-45　设置系统从光盘启动

（2）提供一个 VMware-toolbox，这个 Xwindow 下的工具可以让用户修改 VMware 的参数和功能。

（3）同步虚拟机和主机的时间。

（4）支持同一个分区的真实启动和从虚拟机中启动，自动修改相应的设置文件。

（5）VMware Workstation 从软盘和/或 CD-ROM 直接安装未修改的操作系统。在构造一台虚拟机时，这个安装过程是第一步并且也是唯一必需的一步。在客户操作系统中安装 VMware Tools 非常重要。如果不安装 VMware Tools，虚拟机中的图形环境被限制为 VGA 模式图形（640×480，16 色）。

（6）使用 VMware Tools，SVGA 驱动程序被安装，VMware Workstation 支持最高 32 位显示和高显示分辨率，显著提升总体的图形性能。

（7）工具包中的其他工具通过支持下面的增强，更方便地使用虚拟机。

① 在主机和客户机之间时间同步。

② 自动捕获和释放鼠标光标。

操作视频：安装
VMware Tools

③ 在主机和客户机之间或者从一台虚拟机到另一台虚拟机进行复制和粘贴操作。

④ 改善的网络性能。

注意：只有正在运行 VMware Tools 时，这些增强才可用。

2）VMware Tools 的安装

（1）开启虚拟机，选择"虚拟机"→"安装 VMware Tools"命令，如图 1-46 所示。

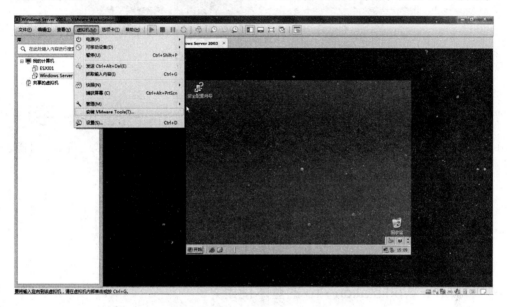

图 1-46　选择"安装 VMware Tools"命令

（2）稍后，在虚拟机中将显示"欢迎使用 VMware Tools 的安装向导"对话框，单击"下一步"按钮，如图 1-47 所示。

（3）在"选择安装类型"对话框中，选择"典型安装"单选按钮，单击"下一步"按钮，如图 1-48 所示。

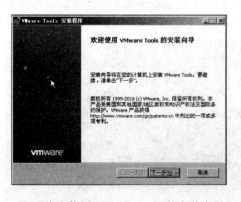
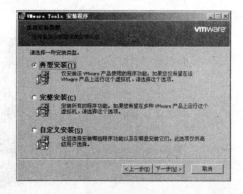

图 1-47　"欢迎使用 VMware Tools 的安装向导"对话框　　图 1-48　"选择安装类型"对话框

（4）在"已准备好安装 VMware Tools"对话框中，单击"安装"按钮，开始 VMware Tools 的安装，如图 1-49 所示。

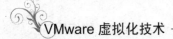

（5）在"VMware Tools 安装向导已完成"对话框中，单击"完成"按钮，完成 VMware Tools 的安装，如图 1-50 所示，在弹出的对话框中，单击"是"按钮，重启系统，如图 1-51 所示，对 VMware Tools 做出的配置修改生效。

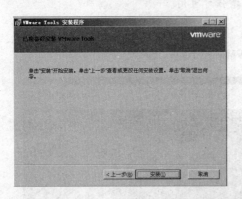

图 1-49　"已准备好安装 VMware Tools"对话框　　图 1-50　"VMware Tools 安装向导已完成"对话框

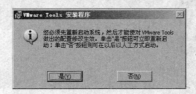

图 1-51　重新启动系统对话框

1.2.6　VMware Workstation Pro 的基本使用

本节将系统地介绍 VMware Workstation Pro 虚拟机软件的基本使用。

1. 虚拟机工具栏按钮说明

图 1-52 显示了虚拟机工具栏的所有按钮。

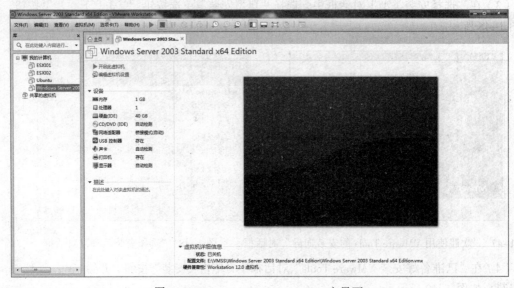

图 1-52　VMware Workstation Pro 主界面

（1）"关机"按钮。关闭虚拟机的电源，当虚拟机处于"运行"状态时，此按钮可以使用。相当于计算机的"关机"按钮。如果在 Team 中单击此单击，将关闭 Team 中所有虚拟机的电源。

（2）"休眠/恢复"按钮。当虚拟机运行时，单击此按钮，VMware 将当前虚拟机的状态"保存"下来，之后再单击此按钮，将恢复到 VMware 快照时的状态，类似于主机的"内存到硬盘"功能，与主机的"休眠"功能相同。

（3）"开机"按钮。单击此按钮，将"打开"虚拟机的电源，相当于计算机的"开机"按钮。如果在 Team 中单击此按钮，将打开 Team 中所有虚拟机的电源。

（4）复位按钮。单击此按钮，虚拟机将复位重新启动，相当于计算机的 Reset 按钮。当虚拟机"死机"时，需要单击此按钮，让虚拟机重新启动。

（5）"发送"Ctrl+Alt+Del 按键按钮。单击此按钮，将会向虚拟机中发送 Ctrl+Alt+Del 按键信息。

（6）"制作快照"按钮。单击此按钮，将会把当前的虚拟机"状态"做一备份，以后可以通过"快照管理器"和"还原到上一快照"按钮，返回到此快照状态。

（7）"还原到上一快照"按钮。单击此按钮，将返回到上一次快照的状态，从上次快照到当前的状态将丢失。

（8）"快照管理器"按钮。单击此按钮，可以在此窗口中对快照进行管理。

（9）"显示/不显示虚拟机预览窗口"按钮。单击此按钮，会在 VMware Workstation 的下方显示虚拟机的预算窗口。

（10）在"查看"→"自定义"→"缩略图栏选项"菜单中还可以选择"打开虚拟机"和"文件夹中的虚拟机"的。

（11）"全屏显示"按钮。单击此按钮，虚拟机将全屏显示。要想退出全屏状态，请按 Ctrl+Alt 组合键，此命令和查看菜单中全屏命令意义相同，其组合键为 Ctrl+Alt+Enter。

（12）"显示/不显示控制台"按钮。单击此按钮后，VMware 将会显示虚拟机的控制台设置，剩下的窗口将显示虚拟机的运行。

（13）"Unity"（无缝窗口）功能。当虚拟机正在运行时，单击此按钮，当前正在虚拟机中运行的程序将会"切换"到主机桌面上显示，此时的效果就和在主机上运行的程序一样。

在启用 Unity 功能时，虚拟机中的操作系统的"开始"菜单会附加到当前主机的"开始"菜单上面。

2. Options 选项卡中各项参数与配置

在 VMware Workstation Pro 主界面中，选择需要修改配置的虚拟机名称，然后单击"编辑虚拟机设置"按钮，打开"虚拟机设置"对话框，在出现的对话框界面中选择"选项"选项卡。

（1）选择"选项"中的"常规"选项，如图 1-53 所示。可以更改所创建的虚拟机名称、更改虚拟机的客户机操作系统或操作系统版本、更改虚拟机的工作目录。

（2）"电源"选项用于控制虚拟机在关机、关闭或挂起后的行为。在电源选项中，开机后进入全屏模式是指虚拟机在开机后进入全屏模式；关机或挂起后关闭是指虚拟机在关机或挂起后关闭；向客户机报告电池信息是指将电池信息报告给客户机操作系统。电源控制设置会影响虚拟机的停止、挂起、启动和重置按钮的行为。当鼠标指针悬停在相应的按钮上时，所选的行为会显示在提示框中。电源控制设置也会决定右击库中的虚拟机时弹出的上下文菜单

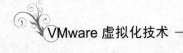
中显示的电源选项，如图 1-54 所示。

图 1-53 "选项"选项卡

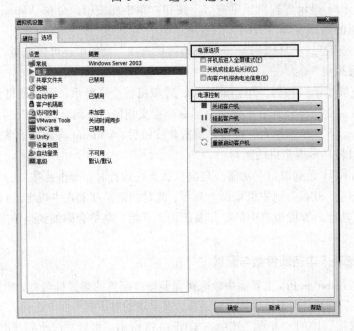

图 1-54 "电源"选项设置

（3）选择"共享文件夹"，可以对主机与虚拟机之间的共享文件夹进行设置，如图 1-55 所示。在默认情况下，是禁用"共享文件夹"功能的。

（4）选择"快照"选项可以进行快照设置，如图 1-56 所示。在拍摄快照时，VMware Workstation Pro 保留虚拟机的状态，以便反复恢复为相同的状态。快照捕获拍摄快照时的完整虚拟机状态，包括虚拟机内存、虚拟机设置以及所有虚拟磁盘的状态。默认操作是"仅关机"。可以根据需要进行选择。

图 1-55　"共享文件夹"选项设置

图 1-56　"快照"选项设置

（5）在"自动保护"选项中，是否启用虚拟机的自动保护功能，如图 1-57 所示。当启用这一功能后，虚拟机可以按照设置的时间间隔自动创建"快照"进行保护，可以设置自动保护时间间隔、最大自动保护快照数。

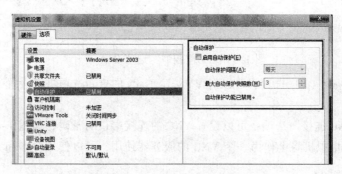

图 1-57　"自动保护"选项设置

（6）在"客户机隔离"选项中，可以设置主机与客户机之间的交换选项。在默认情况下，是"允许主机与虚拟机之间使用'拖放'功能"的。启用这项功能后，可以用鼠标选中文件（或文件夹），在主机与虚拟机之间进行复制（移动或其他操作），还可以"允许主机与虚拟机之间使用'复制'与'粘贴'功能"，如图 1-58 所示。

图 1-58　"客户机隔离"选项设置

（7）选择"访问控制"选项，可以对当前的虚拟机加密。在默认情况下，虚拟机没有加密，可以将虚拟机复制到其他计算机中使用。如果保护虚拟机可借助此选项。创建快照、克隆链接的虚拟机不能启用该功能，如图 1-59 所示。

图 1-59　"访问控制"选项设置

（8）选择 VMware Tools 选项，可以对 VMware Tools 的更新选项进行设置，如图 1-60 所示。

（9）选择"VNC 连接"选项，可以设置 VNC 的连接端口与密码，如图 1-61 所示。在启动这项功能时，该虚拟机将会作为一个 VNC 的服务器使用，可以使用标准和 VNC 客户端程序登录到该虚拟机。

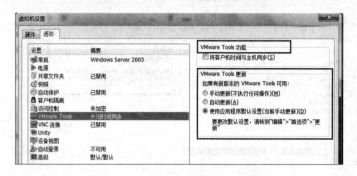

图 1-60　VMware Tools 选项设置

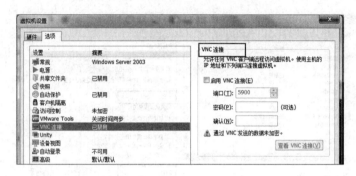

图 1-61　VNC 连接选项设置

（10）在"Unity"选项中，设置是否显示 Unity 边框、标志，自定义窗口边框颜色，如图 1-62 所示。

图 1-62　Unity 选项设置

（11）在"自动登录"选项中，可以设置或更改自动登录的用户名和密码，如图 1-63 所示。当虚拟机是 Windows 与 Linux 时，可以启动自动登录选项，在启用这一功能时，当在虚拟机中需要输入用户名密码登录时，VMware Workstation 的虚拟机会使用在"自动登录"中保存的用户名与密码登录。这一项需要在虚拟机启动时设置。

（12）在"高级"选项中，可以设置进程优先级，设置是否收集调试信息，如图 1-64 所示。

修改设置之后，单击"确认"按钮，保存退出。

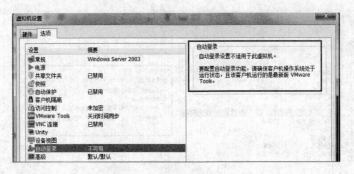

图 1-63 "自动登录"选项设置

图 1-64 "高级"选项设置

3. 虚拟机硬件配置选项卡说明（虚拟机硬件设置）

创建好的虚拟机的配置如虚拟机内存的大小、硬盘的容量、网卡的连接方式等需要根据不同的需求进行更改。下面对如何修改虚拟机硬件配置方法讲解。

在 VMware Workstation Pro 主界面中，选择想要修改配置的虚拟机名单，然后单击"编辑虚拟机设置"按钮，打开"虚拟机设置"对话框，如图 1-65 所示。

（1）在"虚拟机设置"对话框中，单击"添加"按钮可以添加虚拟机硬件，如图 1-66 所示。同样已经添加的虚拟机硬件也可以通过单击"移除"按钮来移除。

● 虚拟硬盘

虚拟硬盘由一组文件构成，用作客户机操作系统的物理磁盘驱动器。可以将虚拟硬盘配置为 IDE、SCSI 或 SATA 设备。最多可以为虚拟机添加 4 个 IDE 设备、60 个 SCSI 设备以及 120 个 SATA 设备（4 个控制器，每个控制器 30 个设备）。另外，还可以授予虚拟机对物理磁盘的直接访问权限。

图 1-65　"虚拟机设置"对话框　　　　图 1-66　"硬件类型"对话框

- CD-ROM 和 DVD 驱动器

可以将一个虚拟 CD-ROM 或 DVD 驱动器配置为 IDE、SCSI 或 SATA 设备。最多可以为虚拟机添加 4 个 IDE 设备、60 个 SCSI 设备以及 120 个 SATA 设备（4 个控制器，每个控制器 30 个设备）。可以将虚拟 CD-ROM 和 DVD 驱动器连接到主机系统的物理驱动器或 ISO 映像文件。

- 软盘驱动器

最多可以添加两个软盘驱动器。虚拟软盘驱动器可以连接到主机系统的物理驱动器、现有软盘映像文件或空白软盘映像文件。

- 网络适配器

最多可为虚拟机添加 10 个虚拟网络适配器。

- USB 控制器

可以为一个虚拟机添加一个 USB 控制器。每个虚拟机必须配置一个 USB 控制器才能使用 USB 设备或智能卡读卡器。对于智能卡读卡器，无论其是否属于 USB 设备，虚拟机都必须具有 USB 控制器。

- 声卡

如果主机系统已配置并安装了声卡，您可以为虚拟机启用声音功能。

- 并行（LPT）端口

最多可为虚拟机附加 3 个双向并行端口。虚拟并行端口可以输出到并行端口或主机操作系统中的文件。

- 串行（COM）端口

最多可为虚拟机添加 4 个串行端口。虚拟串行端口可以输出到物理串行端口、主机操作系统中的文件或命名管道。

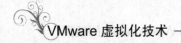

- 打印机

可在虚拟机中使用主机系统可用的任意打印机进行打印，而不必在虚拟机中安装额外的驱动程序。VMware Workstation Pro 使用 ThinPrint 技术在虚拟机中复制主机打印机映射。启用虚拟机打印机后，VMware Workstation Pro 会配置一个用于与主机打印机通信的虚拟串行端口。

- 通用 SCSI 设备

最多可为虚拟机添加 60 个 SCSI 设备。借助通用 SCSI 设备，客户机操作系统可直接访问与主机系统连接的 SCSI 设备。通用 SCSI 设备包括扫描仪、磁带驱动器、CD-ROM 驱动器和 DVD 驱动器。

（2）在"虚拟机设置"对话框中，选择"内存"选项，可以更改内存的大小，如图 1-65 所示。

（3）在"虚拟机设置"对话框中，选择"CD/DVD（IDE）"选项，可以设置虚拟机光驱的属性，如图 1-67 所示。

图 1-67　"CD/DVD"选项对话框

单击"高级"按钮，在弹出的对话框中可以设置虚拟机光驱的接口类型。设置完成后单击"确定"按钮即可，如图 1-68 所示。

注意：如无必要，不要修改光驱的接口类型。但如果使用 U 盘制作的光驱、或者使用某些 USB 光驱时，需要选中"Legacy emulation（旧版仿真）"选项才能使用。但一般情况下，只要虚拟机的光驱能正常使用，就不要选中这一项。

（4）在"虚拟机设置"对话框中，选择"硬盘（IDE）"选项，"磁盘实用工具"包括映射、碎片整理、扩展、压缩，如图 1-69 所示。

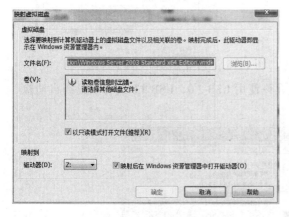

图 1-68　"CD/DVD 高级设置"对话框　　　　　图 1-69　"硬盘"选项对话框

"映射"用来将虚拟磁盘映射成一个盘符。如果虚拟机中划分了多个分区，可以选择将那个分区用来映射。通过图 1-70 选择要映射到计算机驱动器上的虚拟磁盘文件及相关联的卷。

在图 1-69 中，单击"碎片整理"按钮，开始整理虚拟机的硬盘，如图 1-71 所示。

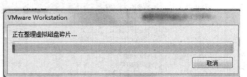

图 1-70　"虚拟磁盘"对话框　　　　　　　图 1-71　虚拟磁盘碎片整理界面

在图 1-69 中，单击"扩展"按钮，在图 1-72 中可以指定最大虚拟磁盘的大小，扩展虚拟硬盘。

目前只能将硬盘扩大不能缩小，所以在指定新的硬盘大小时要大于原来的硬盘大小。另外，在扩展硬盘后，原有的分区大小不变，如果要使用扩展后的分区，需要使用磁盘工具，创建分区或扩展现有分区之后使用。

在图 1-69 中，单击"压缩"按钮，压缩虚拟硬盘，释放无用的空间，如图 1-73 所示。

（5）在图 1-69 中，单击"高级"按钮，设置磁盘结点和磁盘属性，默认情况如图 1-74 所示。

默认情况下是非独立的磁盘。如果选中"独立",表示该虚拟磁盘为独立磁盘,独立的虚拟磁盘是不受快照影响的。选中"永久"项,表示改变将会立即并永久写入虚拟磁盘;选中"非永久"项,当关闭虚拟机电源或是恢复一个快照时,磁盘的改变将会被丢弃。

(6)在"网络适配器"选项中,在"设备状态"选项区域中,可以设置虚拟机启动时是否连接网卡,在"网络连接"选项区域内可以设置虚拟机网卡接口的形式,如图 1-75 所示。

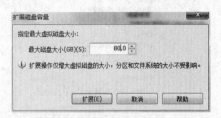

图 1-72 "扩展磁盘容量"对话框

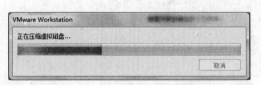

图 1-73 压缩虚拟磁盘进度框

图 1-74 "硬盘高级设置"对话框

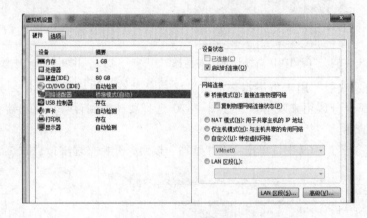

图 1-75 "网络适配器"选项设置

(7)在"USB 控制器"选项中,可以设置允许使用 USB 2.0、USB 3.0 设备及是否自动检测主机上运行的 USB 设备,如图 1-76 所示。

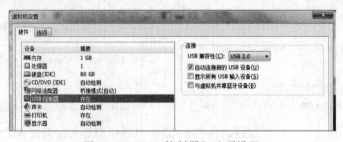

图 1-76 "USB 控制器"选项设置

(8)在"声卡"选项中,在选项区域可以设置声卡是否随虚拟机启动而生效,当主机有多块声卡时,可以在"连接"选项区域内设置使用哪一块,如图 1-77 所示。

(9)在"处理器"选项中,可以设置虚拟机中 CPU 数量、虚拟内核数等,如图 1-78 所示。

(10)在"显示器"选项中,可以设置虚拟机的显示分辨率、"虚拟显卡"的数量以及是否使用 3D 功能,如图 1-79 所示。

(11)在"打印机"选项中,设置虚拟打印机,如图 1-80 所示。

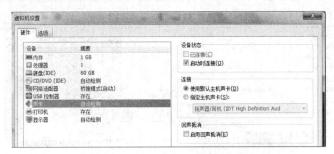

图 1-77 "声卡"选项设置

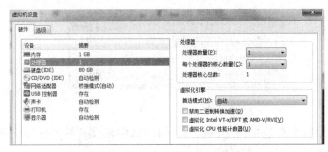

图 1-78 "处理器"选项设置

图 1-79 "显示器"选项设置

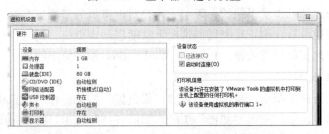

图 1-80 "打印机"选项设置

4. 在虚拟机中使用 U 盘、摄像头、打印机等 USB 设备

在虚拟机中，可以直接使用主机的 U 盘、打印机设备等。下面对如何使用 U 盘进行描述。

（1）单击工具栏中的"虚拟机"命令，选择主机上可用的 USB 设备，选中设备之后进入下级菜单，如图 1-81 所示，可以选择"连接（断开与主机的连接）"，表示从主机断开连接并连接到虚拟机中。此时，会弹出如图 1-82 所示的对话框，单击"确定"按钮，将会在虚拟机中看到识别的 U 盘。

操作视频：使用
U 盘

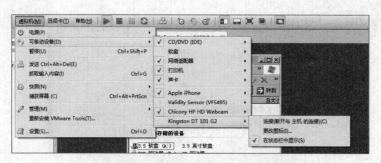

图 1-81　在虚拟机中设置 USB 设备

图 1-82　提示对话框

（2）如果想将该设备重新连接到主机使用，可以选中该设备后，在该设备的下级菜单中选择"断开（连接到主机）"命令即可。

（3）如果选中的是 USB 打印机等设备，需要在虚拟机中安装 USB 打印机的驱动程序，这和在主机中使用 USB 打印机是一样的。

（4）在 Windows XP 虚拟机中使用 U 盘，则需要在 Windows XP 的虚拟机中安装 U 盘驱动程序。

（5）从 VMware Workstation 7 开始，通过在 VMware Workstation 的虚拟机中添加"打印机"虚拟硬件，可以直接使用主机的打印机而无需在虚拟机中进行设置。

5. 加密、解密虚拟机

VMware Workstation Pro 的加密特性能够防止非授权用户访问虚拟机的敏感数据。加密为虚拟机提供了保护，限制了用户对虚拟机的修改。在生产环境中，不希望在没有获取正确密码的情况下就能启动虚拟机，因为非授权用户可能会因此获取敏感数据。VMware Workstation 加密位于物理计算硬件的启动密码之上。

操作视频：虚拟机加解密

（1）关闭正在运行的虚拟机，单击"编辑虚拟机设置"按钮，在"虚拟机设置"对话框中，选择"访问控制"选项，单击"加密"按钮，如图 1-83 所示，在弹出的对话框中输入加密密码，然后单击"加密"按钮，如图 1-84 所示。

（2）虚拟机加密后返回到配置对话框，单击"确定"按钮退出。

（3）关闭 VMware Workstation Pro，然后再次打开 VMware Workstation Pro，在浏览到已加密的虚拟机时，会弹出如图 1-84 所示的对话框，输入正确的密码，才能继续运行，如图 1-85 所示。

（4）如果想取消虚拟机的加密，可以进入虚拟机的设置对话框，在"加密"对话框中，单击"继续"按钮，在弹出的对话框中，单击"移除加密"按钮，如图 1-86 所示。

图 1-83　"访问控制"选项设置　　　　　图 1-84　"加密虚拟机"对话框

图 1-85　"输入密码"对话框　　　　　　图 1-86　虚拟机解密界面

6. 快照管理

1）快照的定义

VMware 中的快照是对 VMDK 在某个时间点的"拷贝"，这个"拷贝"并不是对 VMDK 文件的复制，而是保持磁盘文件和系统内存在该时间点的状态，以便在出现故障后虚拟机能够恢复到该时间点。如果对某个虚拟机创建了多个快照，那么就可以有多个可恢复的时间点。

微课：救命稻草—
虚拟机快照

快照保留以下信息：

（1）虚拟机设置。虚拟机目录，包含执行快照后添加或更改的磁盘。

（2）电源状况。虚拟机可以打开电源、关闭电源或挂起。

（3）磁盘状况。所有虚拟机的虚拟磁盘的状况。

（4）（可选）内存状况。虚拟机内存的内容。

恢复到快照时，虚拟机的内存、设置和虚拟磁盘都将返回到拍摄快照时的状态。多个快照之间为父子项关系。作为当前状态基准的快照即是虚拟机的父快照。拍摄快照后，所存储的状态即为虚拟机的父快照。如果恢复到更早的快照，则该快照将成为虚拟机的父快照。

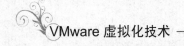

2）快照的文件类型

当创建虚拟机快照时会创建.vmdk、–delta.vmdk、.vmsd 和.vmsn 文件。

（1）*–delta.vmdk 文件

该文件是快照文件，也可以理解为 redo–log 文件。在每创建一个快照时就会产生一个这样的文件。而在删除快照或回复到快照时间点状态时该文件会被删除。

（2）*.vmsd 文件

该文件用于保存快照的 metadata 和其他信息。这是一个文本文件，保存了如快照显示名、UID（Unique Identifier）以及磁盘文件名等。在创建快照之前，它的大小是 0 字节。

（3）*.vmsn 文件

这是快照状态文件，用于保存创建快照时虚拟机的状态。这个文件的大小取决于创建快照时是否选择保存内存的状态。如果选择，那么这个文件会比分配给这个虚拟机的内存大小还要大几兆。

在初始状态下，快照文件的大小为 16 MB，并随着虚拟机对磁盘文件的写操作而增长。快照文件按照 16 MB 的大小进行增长以减少 SCSI reservation 冲突。当虚拟机需要修改原来的磁盘文件的数据块时，这些修改会被保存到快照文件中。当在快照文件中的已经修改过的数据块需要被再次修改时，这些修改将覆盖快照文件中的数据块，此时，快照文件大小不会改变。因此，快照文件的大小永远不会超过原来的 VMDK 文件的大小。

3）创建虚拟机快照

（1）关闭正在运行的虚拟机，单击工具栏上的 图标，或者右击虚拟机，在弹出的快捷菜单中选择"快照"→"拍摄快照"命令（见图 1–87），然后在弹出的对话框中输入创建快照的名称以及描述，最后单击"确定"按钮，如图 1–88 所示。

操作视频：创建快照

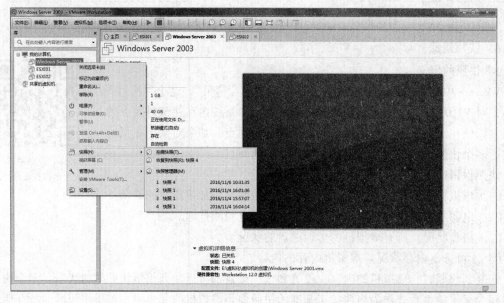

图 1–87　建立快照界面

（2）快照创建完成后，在快照管理器中多的图标就是新建的快照，如图 1–89 所示。

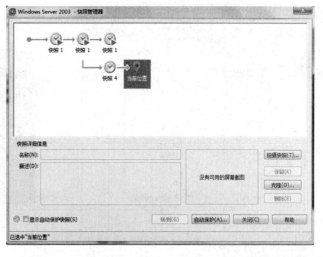

图 1-88　"拍摄快照"对话框　　　　图 1-89　"快照管理器"对话框

在快照管理器中，可以对已建的快照进行删除等操作。

7. 克隆

操作视频：创建链接
与完整克隆

虚拟机的克隆是原始虚拟机全部状态的一个拷贝，或者说一个镜像。克隆的过程并不影响原始虚拟机，克隆的操作一旦完成，克隆的虚拟机就可以脱离原始虚拟机独立存在，而且在克隆的虚拟机中和原始虚拟机中的操作是相对独立的，不相互影响。克隆过程中，VMware 会生成和原始虚拟机不同的 MAC 地址和 UUID，这就允许克隆的虚拟机和原始虚拟机在同一网络中出现，并且不会产生任何冲突。VMware 支持两种类型的克隆：完整克隆和链接克隆。

完整克隆是和原始虚拟机完全独立的一个拷贝，它不与原始虚拟机共享任何资源，可以脱离原始虚拟机独立使用。

链接克隆需要和原始虚拟机共享同一虚拟磁盘文件，不能脱离原始虚拟机独立运行。但采用共享磁盘文件却大大缩短了创建克隆虚拟机的时间，同时还节省了宝贵的物理磁盘空间。通过链接克隆，可以轻松地为不同的任务创建一个独立的虚拟机。

下面介绍如何对虚拟机进行克隆。

（1）运行 VMware Workstation Pro，定位到需要克隆的虚拟机，在该虚拟机上右击，在弹出的快捷菜单中选择"管理"→"克隆"命令，如图 1-90 所示。

（2）进入"欢迎使用克隆虚拟机向导"对话框，单击"下一步"按钮，如图 1-91 所示。

（3）在弹出的"克隆源"对话框中选择"虚拟机中的当前状态"，单击"下一步"按钮，如图 1-92 所示。

（4）在"克隆类型"对话框中选择"创建链接克隆"，选择好后，单击"下一步"按钮，如图 1-93 所示。

（5）在"新虚拟机名称"对话框中，设置克隆虚拟机的名称，单击"完成"按钮，如图 1-94 所示。

（6）在弹出的"正在克隆虚拟机"对话框中，单击"关闭"按钮，虚拟机克隆完成，如图 1-95 所示。

图 1-90 选择"克隆"命令

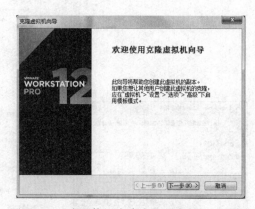

图 1-91 "欢迎使用克隆虚拟机向导"对话框

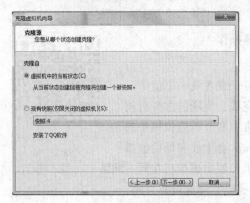

图 1-92 "克隆源"对话框

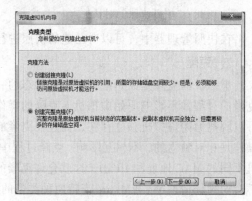

图 1-93 "克隆类型"对话框

图 1-94 "新虚拟机名称"对话框

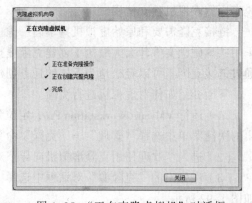

图 1-95 "正在克隆虚拟机"对话框

（7）在 VMware Workstation Pro 的主界面，可以看到新克隆的虚拟机"Windows Server 2003 的克隆"，如图 1-96 所示。

8. 宿主机与虚拟机之间的互动

宿主机与虚拟机之间互动的方式主要有 3 种：拖动方式，复制、粘贴方式以及设置共享文件夹的方式。

操作视频：主机与虚拟机的互动

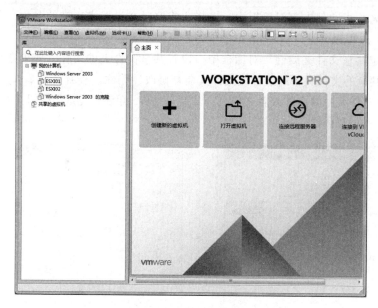

图 1-96　虚拟机主界面

（1）拖动方式：在虚拟机与宿主机之间使用鼠标用拖动的方式直接传送数据。

（2）复制、粘贴方式：在虚拟机与宿主机之间使用复制、粘贴的方式传送数据。

（3）共享文件夹方式：

①　选择"虚拟机"→"设置"命令，在弹出的"虚拟机设置"对话框中，选择"选项"选项卡，选中"共享文件夹"，在文件共享区域中，选择"总是启动"和"在 Windows 客户机中映射为网络驱动器"，并单击"添加"按钮，如图 1-97 所示。在弹出的"欢迎使用添加共享文件夹向导"对话框中，单击"下一步"按钮，如图 1-98 所示。

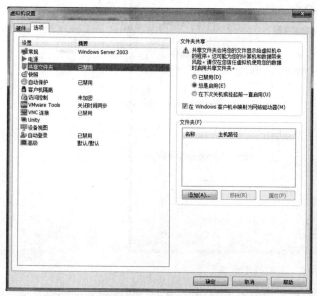

图 1-97　"选项"选项卡

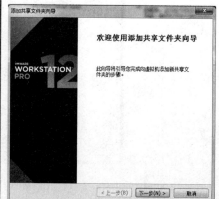

图 1-98　"欢迎使用添加共享文件夹
向导"对话框

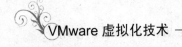

② 在"命名共享文件夹"对话框中,选择主机路径并设置文件夹的名称,单击"下一步"按钮,如图 1-99 所示。

③ 在"指定共享文件夹属性"对话框中,设置共享文件夹的属性,如果选择"启用此共享",那么被共享的文件夹中的文件或文件夹能被修改、删除、查看;如果选择"只读",则只能查看共享文件夹中的文件或者文件夹,设置完成后,单击"完成"按钮(见图 1-100),返回"共享文件夹"对话框。

图 1-99 "命名共享文件夹"对话框　　　　图 1-100 "指定共享文件夹属性"对话框

④ 在"共享文件夹"对话框的"文件夹"选项栏中,可以看到新增加的文件夹,单击"确定"按钮,如图 1-101 所示。

图 1-101 虚拟机主界面

⑤ 在虚拟机的资源管理器中,可以看到一个映射的 Z 盘。此时,可通过该网络磁盘使用主机提供的文件,如图 1-102 所示。

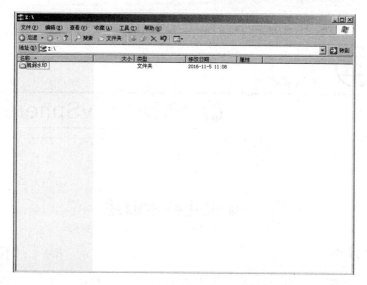

图 1-102　虚拟机资源管理器窗口

小　结

本章首先介绍了虚拟机的定义，虚拟机的组成文件以及虚拟机的硬件组成。然后详细地描述了 VMware Workstation Pro 对系统的要求，包括主机系统的处理器要求、支持的主机操作系统、主机系统的内存要求、主机系统的显示要求、主机系统的磁盘驱动器要求和主机系统的 ALSA 要求。最后对 VMware Workstation Pro 虚拟机的安装与使用的操作进行描述。

习　题

1. 解释虚拟机的定义。
2. 举例说明虚拟机的用途。
3. 虚拟机的硬件特性有哪些？
4. 在给虚拟机建立快照时，快照保留了虚拟机的哪些信息？
5. 简述 VMware Tools 的作用。
6. 简单描述快照与克隆的区别。
7. VMware 支持哪两种类型的克隆？两者有何区别？

第❷章

➡ VMware vSphere 概述

2.1　虚拟化技术概述

2.1.1　虚拟化介绍

企业使用的物理服务器一般运行单个操作系统或单个应用程序。随着服务器性能的大幅度提升，服务器的使用率越来越低。如果使用虚拟化解决方案，可以在单台物理服务器上运行多个虚拟机，每个虚拟机可以共享同一台物理服务器的资源，不同的虚拟机可以在同一台物理服务器上运行不同的操作系统以及多个应用程序。

虚拟化的工作原理是直接在物理服务器硬件或主机操作系统上插入一个精简的软件层。该软件层包含一个以动态和透明方式分配硬件资源的虚拟机监视器（虚拟化管理程序，也称Hypervisor）。多个操作系统可以同时运行在单台物理服务器上，彼此之间共享硬件资源。由于是将硬件资源（包括 CPU、内存、操作系统和网络设备）封装起来，因此虚拟机可以与所有的标准的 x86 操作系统、应用程序和设备驱动程序完全兼容，可以同时在一台物理服务器上安装运行多个操作系统和应用程序，每个操作系统和应用程序都可以在需要时访问其所需的资源。

2.1.2　物理体系结构与虚拟体系结构的差异

如图 2-1 所示，传统物理体系结构中，一台物理服务器一般运行一个操作系统以及一个应用程序，而虚拟体系结构中，一台物理服务器可以运行多个操作系统以及多个应用程序，有效提高了物理服务器的使用率。

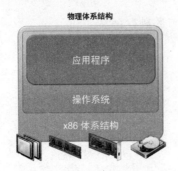

图 2-1　物理体系结构与虚拟体系结构的差异

2.1.3　实施虚拟化的重要意义

（1）降低能耗

整合服务器通过将物理服务器变成虚拟服务器减少物理服务器的数量，可以在电力和冷却成本上获得巨大节省。通过减少数据中心服务器和相关硬件的数量，企业可以从能耗与制冷需求中获益，从而降低 IT 成本。

（2）节省空间

使用虚拟化技术大大节省了所占用的空间，减少了数据中心服务器和相关硬件的数量。避免过多部署在实施服务器虚拟化之前，管理员通常需要额外部署一下服务器来满足不时之需。利用服务器虚拟化，可以避免这种额外部署工作。

（3）节约成本

使用虚拟化技术大大削减了采购服务器的数量，同时相对应的占用空间和能耗都变小了，每台服务器大约可节约 3 500～4 000 元/年。

（4）提高基础架构的利用率

通过将基础架构资源池化并打破一个应用一台物理机的藩篱，虚拟化大幅提升了资源利用率。通过减少额外硬件的采购，企业可以大幅节约成本。

（5）提高稳定性

提高可用性，带来具有透明负载均衡、动态迁移、故障自动隔离、系统自动重构的高可靠服务器应用环境。通过将操作系统和应用从服务器硬件设备隔离开，病毒与其他安全威胁无法感染其他应用。

（6）减少宕机事件

迁移虚拟机服务器虚拟化的一大功能是支持将运行中的虚拟机从一个主机迁移到另一个主机上，而且这个过程中不会出现宕机事件。有助于虚拟化服务器实现比物理服务器更长的运行时间。

（7）提高灵活性

通过动态资源配置提高 IT 对业务的灵活适应力，支持异构操作系统的整合，支持老应用的持续运行，减少迁移成本。支持异构操作系统的整合，支持老应用的持续运行，支持快速转移和复制虚拟服务器，提供一种简单便捷的灾难恢复解决方案。

2.2　VMware vSphere 虚拟化架构简介

VMware vSphere 6.0 是业界领先的虚拟化平台，可以让用户自信地虚拟化纵向扩展和横向扩展应用，重新定义可用性和简化虚拟数据中心。最终可实现高度可用、恢复能力强的按需基础架构，是任何云计算环境的理想基础。这可以降低数据中心成本，增加系统和应用正常运行时间，显著简化 IT 运行数据中心的方式。vSphere 6.0 专为新一代应用而打造，可用作软件定义的数据中心的核心基础构造块。图 2-2 为 vSphere 虚拟化整体架构。

微课：最佳部署平台
—VMware vSphere

VMware vSphere 平台从其自身的系统架构来看，可分为 3 个层次：虚拟化层、管理层、接口层。

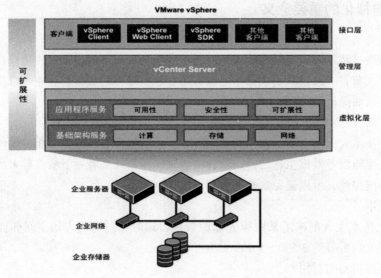

图 2-2　vSphere 系统架构

2.2.1　虚拟化层

（1）VMware vSphere 的虚拟化层是最底层，包括基础架构服务和应用程序服务。

（2）基础架构服务是用来分配硬件资源的，包括计算机服务、网络服务和存储服务。

（3）计算机服务可提供虚拟机 CPU 和虚拟内存功能，可将不同的 x86 计算机虚拟化为 VMware 资源，使这些资源得到很好的分配。

（4）网络服务是在虚拟环境中简化并增强的网络技术集，可提供网络资源。

（5）存储服务是 VMware 虚拟环境中高效率的存储技术，可提供存储资源。

（6）应用程序服务是针对虚拟机的，可保障虚拟机的正常运行，使虚拟机具有高可用性、安全性和可扩展性等特点。

（7）VMware 的高可用性包括 vMotion、Storage VMware、HA、FT、Date Recovery。

（8）安全性包括 VMware vShield 和虚拟机安全，其中 VMware vShield 是专为 VMware vCenter Server 集成而构建的安全虚拟设备套件。VMware vShield 是保护虚拟化数据中心免遭攻击和误用的关键安全组件，可帮助实现合规性强制要求的目标。

2.2.2　管理层

管理层是非常重要的一层，是虚拟化 IT 环境的中央点。VMware vCenter Server 可提高在虚拟基础架构每个级别上的集中控制和可见性，通过主动管理发挥 vSphere 潜能，是一个具有广泛合作伙伴体系支持的可伸缩、可扩展的平台。

2.2.3　接口层

用户可以通过 vSphere Client 或 vSphere Web Client 客户端访问 VMware vSphere 数据中心。vSphere Client 是一个 Windows 的应用程序，用来访问虚拟平台，还可以通过命令行界面和 SDK 自动管理数据中心。

2.3　vSphere 的主要功能及组件

vSphere 的主要功能和组件如表 2-1 所示。

表 2-1　vSphere 组件及功能

组件名称	组件功能描述
VMware vSphere Client	允许用户从任何 Windows PC 远程连接到 vCenter Server 或 ESXi 的界面
VMwarevSphere Web Client	允许用户通过 Web 浏览的方式访问 vCenter Server 或 ESXi 的界面
VMware vSphere SDK	为第三方解决方案提供的标准界面
vSphere 虚拟机文件系统（VMFS）	ESXi 虚拟机的高性能群集文件系统，使虚拟机可以访问共享存储设备（光纤通道、iSCSI 等），并且是 VMware vSphere Storage vMotion 等其他 vSphere 组件的关键组成技术
vSphere Virtual SMP	可以使单一的虚拟机同时使用多个物理处理器
VMware vSphere Storage API	可与受支持的第三方数据保护、多路径和磁盘阵列解决方案进行集成
VMware vSphere Thin Provisioning	提供动态分配共享存储容量的功能，使 IT 部门可以实施分层存储策略，同时削减多达 50%的存储开销
vSphere vMotion	可以将虚拟机从一台物理服务器迁移到另一台物理服务器,同时保持零停机时间、连续的服务可用性和事务处理的完整性
VMware vSphere Storage vMotion	可以在数据存储之间迁移虚拟机文件而无须中断服务
VMware vSphere Fault Tolerance（FT）	可在发生硬件故障的情况下为所有应用提供连续可用性，不会发生任何数据丢失或停机。针对最多 4 个虚拟 CPU 的工作负载
VMware vSphere Data Protection	是一款由 EMC Avamar 提供支持的 VMware 备份和恢复的解决方案
VMware vShield Endpoint	借助能进行负载分流的防病毒和方恶意软件解决方案,无需在虚拟机内安装代理即可保护虚拟机
vSphere High Availability（HA）	高可用性，如果服务器出现故障，受到影响的虚拟机会在其他拥有多余容量的可用服务器上重新启动
Resource Scheduler（DRS）	通过为虚拟机收集硬件资源，动态分配和平衡计算容量
vSphere 存储 DRS	在数据存储集合之间动态分配和平衡存储容量和 I/O

2.4　vSphere6.0 不同版本功能特性

vSphere6.0 各版本的功能比较如表 2-2 所示。

表 2-2　vSphere6.0 各版本的功能比较

vSphere 功能特性	Standard	Enterprise	Enterprise Plus
可扩展服务器整合，无计划内停机			
vSphere Hypervisor：供功能强大、经生产验证的高性能虚拟化层	✓	✓	✓
vSMP：虚拟对称多处理（SMP）使虚拟机能够拥有多个虚拟 CPU	✓	✓	✓
vCenter Operations Manager Foundation：利用全面的视图以了解 vSphere 环境基础架构的运行状况、风险和能效分值	✓	✓	✓

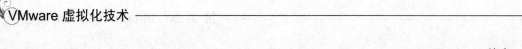

续表

vSphere 功能特性	Standard	Enterprise	Enterprise Plus
High Availability（HA）：在物理计算机发生故障后，自动重新启动虚拟机	✓	✓	✓
Data Protection：通过获得专利的可变长度重复数据消除、快速恢复和广域网优化复制功能提供能够高效利用存储空间的备份，从而实现灾难恢复。其 vSphere 集成和简洁的用户界面使其成为适用于 vSphere 的简单、高效的备份工具	✓		
vMotion®：通过在主机之间迁移正在运行的虚拟机，消除因计划内服务器维护而导致的应用停止运行	跨虚拟交换机	跨虚拟交换机	跨 vCenter Server/远距离
vShield Endpoint™:借助能进行负载分流的防病毒和防恶意软件（AV）解决方案，无需在虚拟机内安装代理即可保护虚拟机	✓	✓	✓
vSphere Replication：通过使用基于主机的复制为应用提供灾难保护	✓	✓	✓
热添加–在需要时通过向虚拟机添加 CPU 和内存来增加容量，而无需中断或停机	✓	✓	✓
Fault Tolerance：在服务器出现故障时，对应用程序提供零数据丢失的持续无中断可用性	2 个虚拟 CPU	2 个虚拟 CPU	4 个虚拟 CPU
Storage vMotion：通过跨存储阵列实时迁移虚拟机磁盘文件，避免因计划内存储维护而造成的应用停止运行	✓	✓	✓
可靠内存:将关键的 vSphere 组件放置在受支持硬件上经过确认的 "可靠" 内存区域中		✓	✓
功能强大、高效的资源管理			
Virtual Volumes：可对外部存储（SAN 和 NAS）设备进行抽象化处理，使其能够识别虚拟机	✓	✓	✓
基于存储策略的管理：通过策略驱动的控制层，跨存储层实现通用管理以及动态存储类服务自动化	✓	✓	✓
虚拟串行端口集中器：利用串行端口集中器可通过网络连接到任意服务器上的串行端口控制台		✓	✓
用于阵列集成和多路径的存储 API:通过利用基于阵列的高效操作，提高性能和可扩展性		✓	✓
Distributed Resource Scheduler（DRS）和分布式电源管理（DPM）:跨主机自动平衡负载并通过在低负载期间关闭主机来优化能耗		✓	✓
Big Data Extensions：在 vSphere 上运行 Apache Hadoop 以提高利用率、可靠性和敏捷性		✓	✓
基于策略的数据中心自动化			
Flash Read Cache：通过将服务器端的闪存虚拟化，提供一个可大幅降低应用延迟的高性能读缓存层			✓
Distributed Switch：使用集群级别的网络聚合集中进行资源调配、管理和监控			✓
I/O 控制（网络和存储）：通过监控 I/O 负载来确定访问优先级，并向具有优先权的虚拟机动态分配 I/O 资源			✓
主机配置文件和 Autodeploy：帮助 IT 管理员简化主机部署和合规性，使用户可以 "动态" 部署主机			✓

续表

vSphere 功能特性	Standard	Enterprise	Enterprise Plus
Storage DRS：现在，自动负载平衡可以通过分析存储特征来确定指定虚拟机的数据在创建和使用过程中的最佳驻留位置			✓
单根 I/O 虚拟化（SR-IOV）支持：可为用户提供对 I/O 处理进行负载分流和降低网络延迟的能力			✓

小　结

　　虚拟化技术把有限的、固定的资源根据不同需求进行重新规划以达到最大利用率。本章主要介绍了物理体系结构与虚拟体系结构的差异，实施虚拟化的重要意义，VMware vSphere 虚拟化的体系架构，以及该架构中每一层的内容，并对该架构的每一层进行了详细描述。同时，本章也简单介绍了 vSphere 的组件及其功能以及各版本的功能特性。

习　题

1. 根据自己的理解，解释什么是虚拟化。
2. 简单描述物理体系结构与虚拟体系结构之间的差异。
3. 实施虚拟化有哪些意义？
4. VMware vSphere 平台从其自身的系统架构来看，可分为 3 个层次：＿＿＿＿＿、＿＿＿＿＿、＿＿＿＿＿。
5. VMware vSphere 的两个核心组件是什么？
6. 简单描述 VMware vSphere 的组件及其功能。

→ VMware ESXi 安装配置与基本应用

VMware ESXi 是 VMware 企业产品的基础,无论是 VMware vSphere,还是 VMware View,以及 vCloud,这一切产品的基础都是 VMware ESXi,可以说,VMware 云计算机企业虚拟化的基础就是 VMware ESXi。

3.1 VMware ESXi 概述

VMware ESXi 是 vSphere 的核心组件之一,是用于创建和运行虚拟机的虚拟化平台,它将处理器、内存、存储器和资源虚拟化为多个虚拟机。通过 ESXi 可以运行虚拟机、安装操作系统、运行应用程序以及配置虚拟机。

在原始 ESXi 体系结构中,虚拟化内核(VMkernel)使用称为服务控制台的管理分区来扩充。服务控制台的主要用途是提供主机的管理界面。在服务控制台中部署了各种 VMware 管理代理以及其他基础架构代理。在此体系结构中,许多客户都会部署来自第三方的其他代理以提供特定功能,如硬件监控和系统管理。而且,个别管理用户还会登录服务控制台操作系统运行配置和诊断命令及脚本。

在新的 ESXi 体系结构中移除了服务控制台的操作,所有的 VMware 代理均在 VMkernel 上运行。只有获得 VMware 数字签名的模块才能在系统上运行,因此形成了严格锁定的体系结构。通过组织任意代码在 ESXi 主机上运行,极大地改进了系统的安全性。

因此,ESXi 体系结构独立于任何通用操作系统运行,可提高安全性、增强可靠性并简化管理。紧凑型体系结构设计旨在直接集成到针对虚拟化进行优化的服务器硬件中,从而实现快速安装、配置和部署。

3.1.1 VMware ESXi 体系架构

VMware ESXi 的体系架构如图 3-1 所示,从体系结构来说 ESXi 包含虚拟化层和虚拟机,而虚拟化层有两个重要组成部分:虚拟化管理程序(VMkernel)和虚拟机监视器(VMM)。ESXi 主机可以通过 vSphere Client、vCLI、API/SDK 和 CIM 接口接入管理。

(1)VMkernel

VMkernel 是虚拟化的核心和推动力,由 VMware 开发并提供与其他操作系统提供的功能类似的某些功能,如进程创建和控制、信令、文件系统和进程线程。VMkernel 控制和管理服务器的实际资源,它用资源管理器排定 VM 顺序,为它们动态分配 CPU 时间、内存和磁盘及网络访问。它还包含了物流服务器各种组件的设备驱动器。例如,网卡和磁盘控制卡、VMFS 文件系统和虚拟交换机。

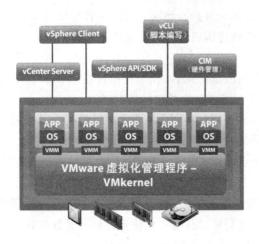

图 3-1　ESXi 体系架构图

VMkernel 专用于支持运行多个虚拟机及提供资源调度、I/O 堆栈、设备驱动程序核心功能。

VMkernel 可将虚拟机的设备映射到主机的物理设备。例如，虚拟 SCSI 磁盘驱动器可映射到与 ESXi 主机连接的 SAN LUN 中的虚拟磁盘文件；虚拟以太网 NIC 可通过虚拟交换机端口连接到特定的主机 NIC。

（2）虚拟机监视器（VMM）

每个 ESXi 主机的关键组件是一个称为 VMM 的进程。对于每个已开启的虚拟机，将在 VMkernel 中运行一个 VMM。虚拟机开始运行时，控制权将转交给 VMM，然后由 VMM 依次执行虚拟机发出的指令。VMkernel 将设置系统状态，以便 VMM 可以直接在硬件上运行。然而，虚拟机中的操作系统并不了解此次控制权的转交，会认为自己是在硬件上运行。

VMM 使虚拟机可以像物理机一样运行，而同时仍与主机和其他虚拟机保持隔离。因此，如果单台虚拟机崩溃，主机本身以及主机上的其他虚拟机将不受任何影响。

3.1.2　VMware ESXi 6.0 新增功能

在 vSphere 6.0 版本中，VMware 为 ESXi 增加了一些重要的增强功能。

（1）更高的可扩展性。

① 单个虚拟机支持 128 个虚拟 CPU（vCPU）和 4 TB 虚拟内存（vRAM）。

② ESXI 主机支持 480 个 CPU 和 6 TB 内存（RAM）。

③ ESXI 主机支持 1 024 个虚拟机（VM）。

④ 集群支持 64 个结点。

（2）范围更广的支持：支持最新的 x86 芯片组、设备、驱动程序和客户端操作系统。

（3）令人惊艳的图形处理：NVIDIA GRID vGPU 能够为虚拟化解决方案带来 NVIDIA 硬件加速图形的所有优势。

（4）即时克隆：内置于 vSphere 6.0 中的技术，为快速克隆和部署虚拟机打下基础，其速度是当前速度的 10 倍多。

（5）为虚拟机实现存储转型。

① vSphere Virtual Volumes 使用户的外部存储阵列可以识别虚拟机。

② 基于存储策略的管理可允许跨存储层实现通用管理以及动态存储类服务的自动化。

（6）网络 IO 控制：支持按虚拟机和分布式交换机带宽预留，以保证最低服务级别。

（7）vMotion 增强功能。

① 可跨分布式交换机、vCenter Server 以及往返长达 100 ms 无中断实施迁移工作负载。

② 远距离 vMotion 迁移，使往返的时间提高 10 倍。

（8）复制辅助的 vMotion 迁移：在两个站点之间设置了主动式复制的客户，能够执行更高效的迁移，因而节约大量的时间和资源。

（9）容错：支持高达 4 个虚拟 CPU（vCPU），扩大了对基于软件的工作负载容错功能的支持。

（10）内容库：对虚拟机模版、IOS 映像、脚本在内的内容进行简单高效管理的中央存储库，用户可以借助 vSphere 内容库，从集中化位置存储和管理内容，以及通过发布或订阅模式共享内容。

（11）跨 vCenter 进行克隆和迁移：一个操作即可在不同的 vCenter Server 上的主机之间克隆和迁移虚拟机。

（12）改进用户界面：Web Client 比以前响应更快、更直观、更简洁。

3.2　VMware ESXi 6.0 的安装要求

3.2.1　ESXi 6.0 安装硬件要求

目前主流服务器的 CPU、内存、硬盘、网卡等均支持 VMware ESXi 6.0 安装，需要注意的是，使用兼容机可能会出现无法安装的情况，VMware 官方推荐的硬件标准如下所述：

（1）处理器

ESXi 6.0 支持 2006 年 9 月后发布的 64 位 x86 处理器，这其中包括了多种多核处理器。

（2）内存

ESXi 需要至少 4 GB 的物理 RAM。建议至少提供 8 GB 的 RAM，以便能够在典型生产环境下运行虚拟机。

（3）网卡

ESXi 6.0 要求物理服务器至少具有 2 千兆以上的网卡，对于使用 VSAN 软件定义存储的环境，推荐万兆以上的网卡。

（4）存储适配器

存储适配器包括 SCSI 适配器、光纤通道适配器、聚合的网络适配器、iSCSI 适配器或内部 RAID 控制器。

（5）硬盘

ESXi 6.0 支持主流的 SATA、SAS、SSD 硬盘安装，同时也支持 SD 卡、U 盘等非硬盘介质安装。需要说明的是使用 USB 和 SD 设备容易对 I/O 产生影响，安装程序不会在这些设备上创建缓存分区。

对于硬件方面的详细要求，请参考 VMware 官方网站 "VMware vSphere 6.0 文档中心"，其网址为 http://pubs.VMware.com/vsphere-60/index.jsp。

3.2.2 ESXi 6.0 安装环境准备

准备 VMware ESXi 6.0 安装环境，有 3 种方法：

（1）在服务器上安装。这是最好的方法，可以在 IBM、HB、Dell 这些服务器上安装测试 VMware ESXi，在安装时，服务器原来的数据会丢失，需要备份数据。

（2）在 PC 上测试。在某些 Intel H61 芯片组、CPU 是 Core i3、i5、i7 的、支持 64 位硬件虚拟化的普通 PC 上，将 VMware ESXi 安装在 U 盘上，用 SATA 硬盘做数据盘。VMware ESXi 不能安装在 SATA 硬盘。

（3）在 VMware Workstation 虚拟机测试。这需要主机是 64 位 CPU，并且 CPU 支持硬件辅助虚拟化，至少 4～8 GB 的物理内存。如果做 FT 的实验，则要求主机至少 16 GB 内存。

3.2.3 VMware ESXi 安装方式

ESXi 有多种安装方式，包括：

（1）交互式安装：用于不超过五台主机的小型环境部署。

（2）脚本式安装：不需人工干预就可以安装部署多个 ESXi 主机。

（3）使用 vSphere Auto Deploy 进行安装：通过 vCenter Server 有效地置备和重新置备大量 ESXi 主机。使用 Auto Deploy 功能，vCenter Server 可以将 ESXi 映像直接加载到主机内存中。Auto Deploy 不在主机磁盘上存储 ESXi 状态。vCenter Server 通过映像配置文件存储和管理 ESXi 更新和修补，还可以通过主机配置文件存储和管理主机配置。

（4）ESXi Image Builder CLI 自定义安装：可以使用 ESXi Image Builder CLI 创建带有自定义的一组更新、修补程序和驱动程序的 ESXi 安装映像。

3.3 VMware ESXi 安装

可以从 VMware 网站 https://my.VMware.com/web/VMware/downloads 下载 ESXi 安装程序。在本节中，将 VMware ESXi 安装在虚拟机中。首先，在 VMware Workstation 中创建虚拟机，然后安装 VMware ESXi。

1. 创建 VMware ESXi 6 实验虚拟机

（1）在 VMware Workstation 中，进入新建虚拟机向导，采用自定义方式创建虚拟机，如图 3-2 所示。

（2）在"选择虚拟机硬件兼容性"对话框中，硬件兼容性选择 Workstation 12.0，单击"下一步"按钮，如图 3-3 所示。

操作视频：创建 ESXi 虚拟机

（3）在"选择客户机操作系统"对话框中客户操作系统选择 VMware ESX，在"版本"中选择 VMware ESXi 6，单击"下一步"按钮，如图 3-4 所示。

（4）在"命名虚拟机"对话框中为新创建的虚拟机命名并选择安装目录，并选择安装位置，单击"下一步"按钮，如图 3-5 所示。

（5）在"处理器配置"对话框中，选择虚拟机中处理器的数目。在 VMware ESXi 6 中，至少需要 2 个 CPU、2 GB 内存，所以在此选择 2 个虚拟 CPU，单击"下一步"按钮，如图 3-6 所示。

（6）为 VMware ESXi 6 虚拟机设置 8 GB 内存、使用桥接方式上网、分配 70 GB 虚拟硬盘并保持单一文件，如图 3-7～图 3-10 所示。

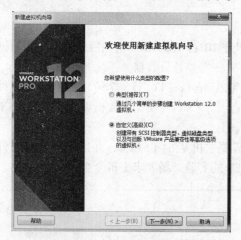

图 3-2 "欢迎使用新建虚拟机向导"对话框

图 3-3 "选择虚拟机硬件兼容性"对话框

图 3-4 "选择客户机操作系统"对话框

图 3-5 "命名虚拟机"对话框

图 3-6 "处理器配置"对话框

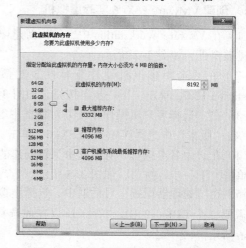

图 3-7 "此虚拟机的内存"对话框

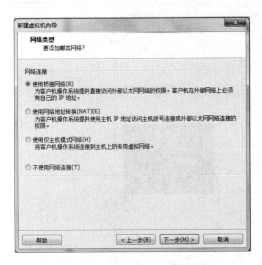

图 3-8　"网络类型"对话框

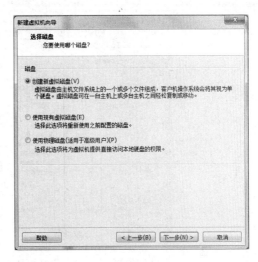

图 3-9　"选择磁盘"对话框

（7）在"已准备好创建虚拟机"对话框中，可以看到虚拟机的名称、保存的位置、版本号以及操作系统等信息，如图 3-11 所示。单击"完成"按钮，回到 VMware Workstation 主界面，可以看到已创建好的 VMware ESXi 虚拟机，如图 3-12 所示。

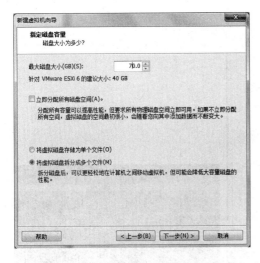

图 3-10　"指定磁盘容量"对话框

图 3-11　"已准备好创建虚拟机"对话框

2. 在虚拟机中安装 VMware ESXi 6.0

（1）单击 3-12 图中的"编辑虚拟机设置"按钮，在弹出的"虚拟机设置"对话框中，选择 VMware ESXi 6 安装光盘镜像作为虚拟机的光驱，单击"确定"按钮，开始安装 VMware ESXi，如图 3-13 所示。

（2）在开始安装界面中，把光标移动到"ESXi-6.0.0-2494585-standard Installer"上并按 Enter 键，开始 VMware ESXi 6 的安装，如图 3-14 所示。

（3）在安装过程中，VMware ESXi 会检测当前主机的硬件配置并显示出来，按 Enter 键继续安装，如图 3-15 所示。

在 ESXi 中安装
操作系统

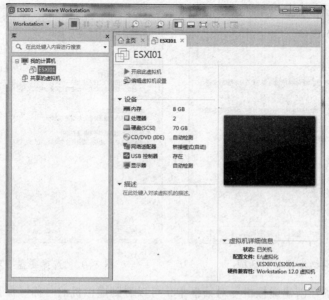

图 3-12　VMware Workstation 主界面

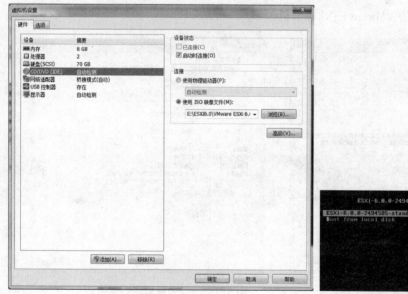

图 3-13　虚拟机设置界面

图 3-14　开始安装界面

（4）在 Welcome to the VMware ESXi 6.0.0 Installation 对话框中，按 Enter 键安装，按 Esc 键取消安装，如图 3-16 所示。

（5）在 End User License Agreement（EULA）对话框中，按 F11 键接受许可协议继续安装，如图 3-17 所示。

（6）在 Select a Disk to Install or Upgrade 对话框中，选择安装位置，将 VMware ESXi 安装到 70 GB 的虚拟硬盘上，如图 3-18 所示。

（7）在 Please select a keyboard layout 对话框中，选择 US Default，按 Enter 继续，如图 3-19 所示。

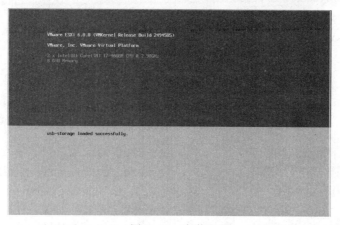

图 3-15　安装过程

图 3-16　Welcome to the VMware ESXi
6.0.0 Installation 对话框

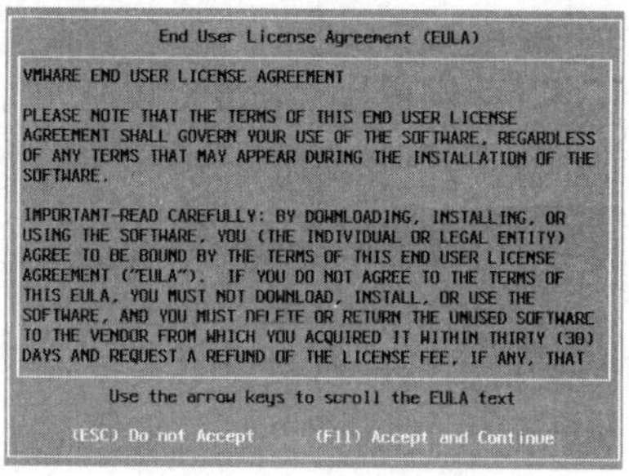

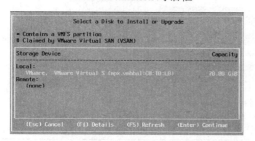

图 3-18　Select a Disk to Install or Upgrade 对话框

图 3-17　End User License Agreement
（EULA）对话框

图 3-19　Please select a keyboard layout 对话框

（8）在 Enter a root password 对话框中设置管理员密码，用户名为 root，按 Enter 键继续，如图 3-20 所示。

（9）在 Confirm Install 对话框中，按 F11 键开始安装 ESXi，如图 3-21 所示。

图 3-20　Enter a root password 对话框

图 3-21　Confirm Install 对话框

（10）VMware ESXi 开始安装，并显示安装进度，如图 3-22 所示。

（11）在 VMware ESXi 安装完成后，弹出 Installation Complete 对话框，按 Enter 键重新启

动。当 VMware ESXi 启动成功后，在控制台窗口，可以看到当前服务器信息。在控制台窗口中显示了 VMware ESXi 当前运行服务器的 CPU 型号、主机内存大小与管理地址等信息，如图 3-23 所示。

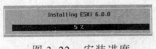

图 3-22　安装进度

图 3-23　Installation Complete 对话框

3.4　VMware ESXi 6.0 控制台设置

安装完 ESXi 主机后，需要对 ESX 的控制台进行设置。在控制台界面中完成管理员密码的修改、控制台管理地址的设置与修改、VMware ESXi 主机名称的修改、重启系统配置（恢复 VMware ESXi 默认设置）等功能。

操作视频：ESXi 控制台的配置

（1）进入控制台界面

开启已安装好的 EXSi，按 F2 键进入系统，输入管理员密码，如图 3-24 所示；输入之后按 Enter 键，进入系统设置对话框，在该对话框中能够完成口令修改、配置管理网络、测试管理网络、恢复网络配置等操作，如图 3-25 所示。在控制台设置过程中，会使用一些按键，如表 3-1 所示。

图 3-24　用户认证界面

表 3-1　设置 ESXi 5.0 所使用的按键及说明

按 键 操 作	使 用 说 明
F2	查看和更改配置
F4	将用户界面更改为高对比度模式
F12	关机或重启主机
光标键	在字段间移动所选内容
Enter	选择菜单项
空格（Space）	切换值
F11	确认敏感命令，如重置配置默认值
Enter	保存并退出
Esc	退出但不保存更改
Q	退出系统日志

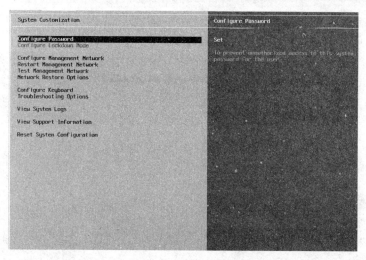

图 3-25　系统设置界面

Configure Password：配置 root 密码。

Configure Lockdown Mode：配置锁定模式。启用锁定模式后，除 vpxuser 以外的任何用户都没有身份验证权限，也无法直接对 ESXi 执行操作。锁定模式将强制所有操作都通过 vCenterServer 执行。

Configure Management Network：配置网络。

Restart Management Network：重启网络。

Test Management Network：使用 Ping 命令测试网络。

Network Restore Options：还原网络配置。

Configure Keyboard：配置键盘布局。

Troubleshooting Options：故障排除设置。

View System Logs：查看系统日志。

View Support Information：查看支持信息。

Reset System Configuration：还原系统配置。

（2）修改管理员口令

如果要修改 VMware ESXi 6.0 的管理员密码，将光标移动到 Configure Password 处按 Enter 键，在弹出的 Configure Password 对话框中修改 VMware ESXi 6.0 的管理员密码，如图 3-26 所示。

（3）配置管理网络

在 Configure Management Network 选项中，可以选择管理接口网卡、控制台管理地址、设置 VMware ESXi 主机名称等，首先将光标移动到 Configure Management Network 选项并按 Enter 键，开始配置主机管理网络，如图 3-27 所示。

① Network Adapters。在管理网络界面，将光标移到 Network Adapter 选项，按 Enter 键，打开 Network Adapters 对话框，在此选择默认的管理网卡，按 Enter 键返回管理网络界面，如图 3-28 所示。

② VLAN（optional）。在管理网络界面，将光标移到 VLAN（optional）选项，按 Enter

键，在 VLAN（optional）选项中，为管理网络设置一个 VLAN ID。一般情况下不要对此进行设置与修改，设置完成后，按 Enter 返回管理网络界面，如图 3-29 所示。

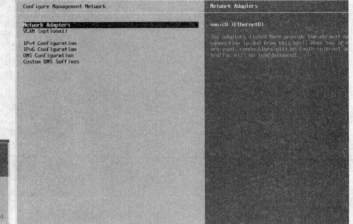

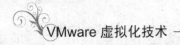

图 3-26　Configure Password 对话框　　　图 3-27　Configure Management Network 对话框

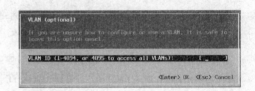

图 3-28　Network Adapters 对话框　　　　图 3-29　VLAN（optional）对话框

③ IP Configuration。在管理网络界面，将光标移到 IPv4 Configuration 选项，按 Enter 键，打开 IPv4 Configuration 对话框，设置 VMware ESXi 管理地址，如图 3-30 所示。默认情况下，VMware ESXi 的默认选择是 Use dynamic IPv4 and network configuration，既使用 DHCP 来分配网络，使用 DHCP 来分配管理 IP，适用于大型的数据中心的 ESXi 部署。在实际使用中，应该为 VMware ESXi 设置一个静态的 IP 地址，用空格键选择 Set static IPv4 address and network configuration，并设置一个静态的 IP 地址，同时，在这里应该为 VMware ESXi 主机设置正确的子网掩码与网关地址，以让 VMware ESXi 主机能连接到 Internet，或者至少能连接到局域网内部的"时间服务器"。

Disable IPv4 configuration for management network：禁用 IPv4 地址。

Use dynamic IPv4 address and network configuration：配置动态 IPv4 地址。

Set static IPv4 address and network configuration：配置静态 IPv4 地址。

④ DNS Configuration。在 DNS Configuration 选项中，设置 DNS 的地址与 VMware ESXi 主机名称，如图 3-31 所示。需要在此项中设置正确的 DNS 服务器以能实现时间服务器的域名解析。在 Hostname 处设置 VMware ESXi 主机名。

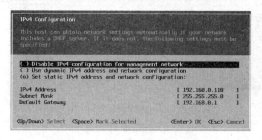

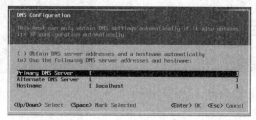

图 3-30　IPv4 Configuration 对话框　　　　图 3-31　DNS Configuration 对话框

⑤ Custom DNS Suffixes。在 Custom DNS Suffixes 选项中，设置 DNS 的后缀名称，如图 3-32 所示。

配置好管理网络后，按 Esc 键返回系统设置界面，如图 3-25 所示。

（4）Restart Management Network

在配置 VMware ESXi 管理网络时，如果出现错误而导致 VMware vSphere Client 无法连接到 VMware ESXi 时，选择 Restart Management Network 选项，在弹出的对话框中按 F11 键，重新启动管理网络，如图 3-33 所示。

图 3-32　Custom DNS Suffixes 对话框　　　　图 3-33　Restart Management Network 对话框

（5）Test Management Network

Test Management Network 选项测试当前的 VMware ESXi 的网络设置是否正确。在图 3-34 中，输入要测试的 IP 地址，按 Enter 键，测试完成后弹出图 3-35 所示的结果。测试结果为 OK 则表明网络没有问题，否则表示网络配置有问题，需要排查。

图 3-34　Test Management Network 对话框　　　　图 3-35　网络测试结果对话框

（6）启用 ESXi Shell 与 SSH

进入 Troubleshooting Options（故障排除）选项，在 Troubleshooting Mode Options 对话框中，启用 SSH 功能、启用 ESXi Shell、修改 ESXi Shell 的超时时间等，如图 3-36 所示。

（7）恢复系统配置

Reset System Configuration 选项可以恢复 VMware ESXi 的默认设置。即 ESXi 主机的全部设置被清除，恢复到原始状态，安装时的密码也会被清空，如图 3-37 所示。

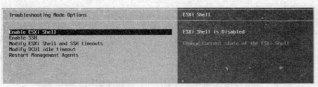

图 3-36　Troubleshooting Mode Options 对话框

图 3-37　Reset System Configuration:
Confirm 对话框

3.5　vSphere Client 的安装与配置

在 VMware ESXi 控制台界面只能完成服务器本身的配置,如修改密码、关机或重启、选择管理网络等。如果要在 VMware ESXi 中创建虚拟机,则需要使用 VMware ESXi 客户端——VMware vSphere Client 或 vSphere Web Client。vSphere Client 是用于管理 vCenter Server 和 ESXi 的界面。

vSphere Client 用户界面基于它所连接的服务器进行配置:

（1）当服务器为 vCenter Server 系统时,vSphere Client 将根据许可配置,用户权限显示可供 vSphere 环境使用的所有选项。

操作视频：vClient 的
安装

（2）当服务器为 ESXi 主机时,vSphere Client 仅显示适用于单台主机管理的选项。

当安装好 ESXi 主机并配置好管理 IP 地址之后,可以通过 vSphere Client 连接到 ESXI 主机进行操作。下面介绍 vSphere Client 的安装。

（1）启动 vSphere Client 的安装程序（可以从 VMware 公司网站下载）,选择安装语言为"中文（简体）",单击"确定"按钮,如图 3-38 所示。

（2）在"欢迎使用 VMware vSphere Client6.0 的安装向导"对话框中,单击"下一步"按钮,如图 3-39 所示。

（3）在"最终用户许可协议"对话框中,选择"我接受许可协议中的条款",单击"下一步"按钮,如图 3-40 所示。

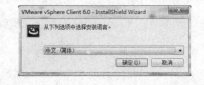

图 3-38　选择安装语言

图 3-39　"欢迎使用 VMware vSphere Client6.0 的
的安装向导"对话框

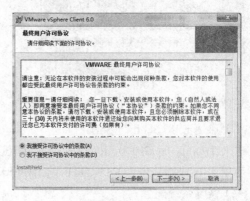

图 3-40　"最终用户许可协议"对话框

（4）在"目标文件夹"对话框中,选择 vSphere Client 的安装路径,单击"下一步"按钮,如图 3-41 所示。在出现的"准备安装程序"对话框中，单击"安装"按钮，开始 vSphere Client 的安装。如图 3-42 所示。图 3-43 为 VMware vSphere Client6.0 的安装过程对话框，如果取消安装，单击"取消"按钮。在安装已完成对话框中，单击"完成"按钮，完成 VMware vSphere 的安装，如图 3-44 所示。

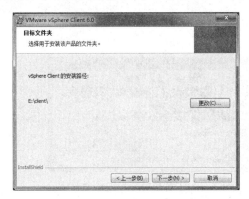

图 3-41　"目标文件夹"对话框

图 3-42　"准备安装程序"对话框

图 3-43　"安装 VMware vSphere Client 6.0"对话框

图 3-44　"安装已完成"对话框

3.6　管理 VMware ESXi

1. 使用 vSphere Client 管理 ESXi 主机

（1）使用 vSphere Client 对 VMware ESXi 中的虚拟机进行配置。打开在 vSphere Client，在登录界面，输入 ESXi 主机名或 IP 地址、用户名、该用户的密码。在本例中，输入 IP 地址为 192.168.1.119，用户名为 root，密码为管理员密码 1234567，如图 3-45 所示。

（2）在登录 ESXi 主机时，系统会弹出安全警告的提示框，勾选"安装此证书并且不显示针对 192.168.1.110"的任何安全警告，单击"忽略"即可，如图 3-46 所示。

微课：云中基石—Vmware ESXi 管理

（3）VMware 评估通知，会提示评估许可证将在 60 天后过期。评估版许可证过期后，ESXi 主机可能会停止管理其清单中所有虚拟机。为了管理这些虚拟机，需要获取许可证并将其分配给 ESXi 主机。这主要是因为使用的版本是评估版本，单击"确定"按钮，如图 3-47 所示。

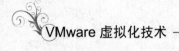
（4）使用 vSphere Client 成功登录 ESXi 主机，如图 3-48 所示。

（5）在"摘要"选项卡中，显示了当前 VMware ESXi 主机情况，包括 CPU、内存、网卡等情况，以及许可证的情况，如图 3-49 所示。

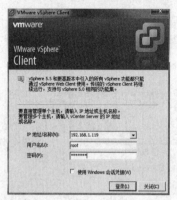

图 3-45　vClient 登录 ESXi 主机界面

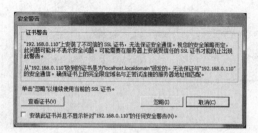

图 3-46　"安全警告"对话框

图 3-47　"VMware 评估通知"对话框

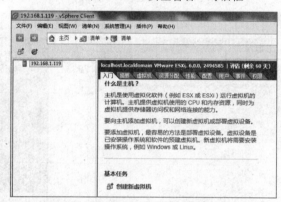

图 3-48　成功登录 ESXi 主机界面

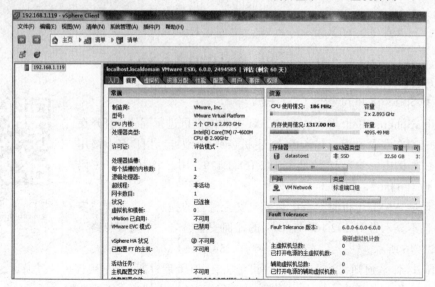

图 3-49　"摘要"选项卡

（6）在"性能"选项卡中，可以查看当前主机的性能，可以查看 CPU、磁盘、内存、网络、系统等的性能，如图 3-50 所示。

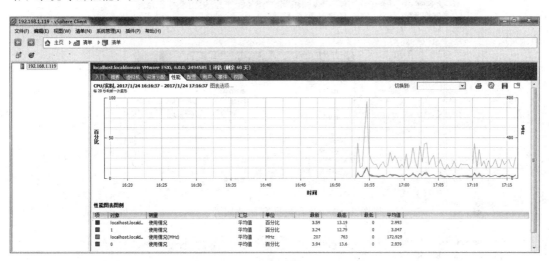

图 3-50 "性能"选项卡

（7）在"配置"选项卡中，通过"健康状况""处理器""内存"中，可以查看当前主机的健康状况、当前主机 CPU 的情况、内存的情况，如图 3-51 所示。

图 3-51 "配置"选项卡

2. 管理 VMware ESXi 本地存储器

（1）选择"配置"→"存储器"选项，右击数据存储，可以对存储器重命名、卸载、删除、刷新，也可以查看存储器的属性，如图 3-52 所示。

（2）在图 3-52 中，选择"浏览数据存储"命令，可以看到在数据存储中有一个 win2008 的文件夹，这是创建 Windows8 虚拟机的名称及保存位置，如图 3-53 所示。

（3）在弹出的"数据存储浏览器"窗口中，选中"/"根目录，单击 按钮，可以创建一个文件夹，如 ISO；然后单击 ▼ 按钮，可以为该文件夹上传文件或文件夹，如图 3-54 所示。

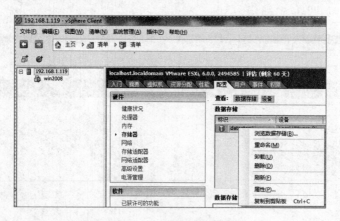

图 3-52　查看数据存储的属性

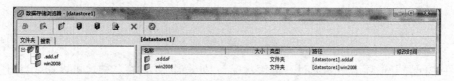

图 3-53　数据存储浏览界面

图 3-54　上载文件/文件夹设置界面

（4）选择"上传文件夹"命令，选择本地已经安装好的虚拟机并将整个虚拟机所在的文件夹上传到 VMwareESXi 的数据存储中，上传完成后定位到文件夹中的 VMX 文件，右击，选择"添加到清单"命令，即可将上传的虚拟机添加到 VMware ESXi 中，如图 3-55 所示。

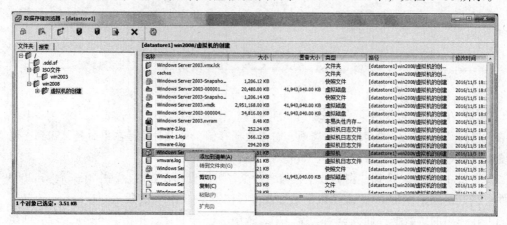

图 3-55　将数据上传 VMware ESXi 中

3. **为 VMwareESXi 服务器时间配置**

在安装 VMware ESXi 之后，要调整或修改 VMware ESXi 的时间配置，以让 VMware ESXi 的时间与所在的时区时间同步。

选择"时间配置"选项，单击"属性"按钮，如图 3-56 所示。在弹出的"时间配置"对话框中，调整 VMware ESXi 主机时间与所在的时区时间相同，如果要配置 NTP "时间服务器"，选择"NTP 客户端已启动"复选框，单击"选项"按钮，如图 3-57 所示，在图 3-58 中，选择"NTP 设置"选项，单击"添加"按钮。在图 3-59 中添加 time.windows.com，单击"确定"按钮。在图 3-60 中，可以看到时间服务器 time.windows.com 已添加成功。在图 3-61 中的"常规"选项中，可以设置与主机一起启动。

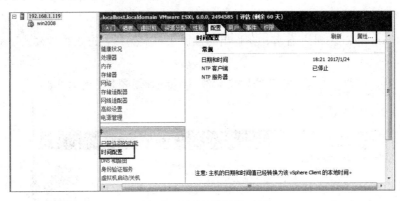

图 3-56　单击"属性"按钮

图 3-57　"时间配置"对话框

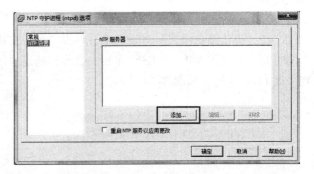

图 3-58　"NTP 守护进程选项"对话框

图 3-59　"添加 NTP 服务器"对话框

图 3-60　添加功能

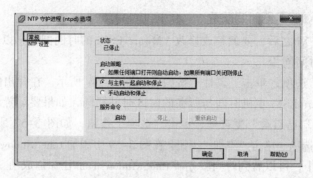

图 3-61 "常规"选项设置

4. 使用 vSphere Client 设置 ESXi 主机的维护模式

（1）在 VMware ESXi 主机上右击，在弹出的快捷菜单上选择"进入维护模式"命令，如图 3-62 所示。

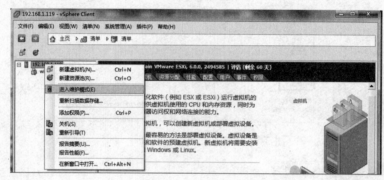

图 3-62 设置 VMware ESXi 维护模式界面

（2）在"确认维护模式"对话框中，单击"是"按钮，如图 3-63 所示。

（3）此时，关闭 VMware ESXi 主机，会弹出确定关闭主机的对话框，需要输入原因后，才能关闭 ESXi 主机，如图 3-64 所示。

图 3-63 "确认维护模式"对话框

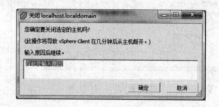

图 3-64 确认关闭的对话框

（4）右击 VMware ESXi 主机名称或者 IP 地址，在快捷菜单中可以选择"退出维护模式"命令，如图 3-65 所示。

5. 使用 vSphere Client 在 ESXi 主机中创建虚拟机，安装操作系统

使用 vSphere Client 在 ESXi 主机中创建虚拟机，安装操作系统与在虚拟机中创建虚拟机和安装操作系统过程基本一致。

1）在 ESXi 主机中创建虚拟机

（1）右击连接到的 VMware ESXi 的计算机名称或 IP 地址，在弹出的

操作视频：在 ESXi
中创建虚拟机

快捷菜单中选择"新建虚拟机"命令，或者按 Ctrl+N 组合键，如图 3-66 所示。

图 3-65　选择"退出维护模式"命令　　　　图 3-66　选择"新建虚拟机"命令

（2）在"配置"对话框中，选择"自定义"安装选项，如图 3-67 所示。在图 3-68 中，为新建的虚拟机指定名称和位置。在 VMware ESXi 与 vCenter Server 中，每个虚拟机的名称最多可以包含 80 个英文字符，并且每个虚拟机的名称在 vCenter Server 虚拟机文件夹中必须是唯一的。在使用 vSphere Client 直接连接到 VMware ESXi 主机时无法查看文件夹，如果要查看虚拟机文件夹和指定虚拟机的位置，请使用 VMware vSphere 连接到 vCenter Server，并通过 vCenter Server 管理 ESXi。通常来说，创建的虚拟机的名称与在虚拟机中运行的操作系统或者应用程序有一定的关系，在本例中创建的虚拟机名称为 win2008，表示这是创建一个 Windows 2008 的虚拟机，并在虚拟机中安装 Windows Server 2008 的操作系统。

（3）在"存储器"对话框中，选择要存储虚拟机文件的数据存储，当前只有一个存储，如图 3-69 所示。在该列表中，显示了当前存储的容量、已经使用的空间、可用的空间、存储的文件格式。

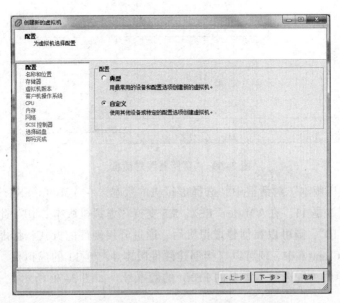

图 3-67　"配置"对话框

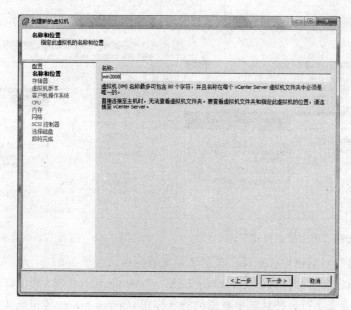

图 3-68 "名称和位置"对话框

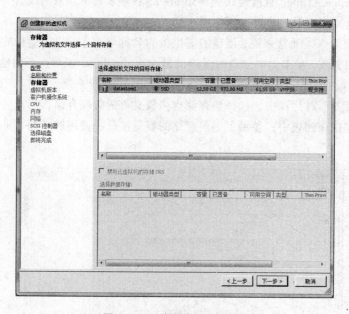

图 3-69 "存储器"对话框

（4）在"虚拟机版本"对话框中，选择虚拟机的版本。在 VMware ESXi 6 的服务器中，可以支持的最高版本是 11。在 VMware ESXi 5.5 支持"虚拟机版本：10"此版本。如果需要"虚拟机版本：10"，则可以在创建虚拟机后，通过升级硬件的方式，将虚拟机版本升级到 10。在 vSphere Client 6 中，则可以直接创建硬件版本 4、7～11 的虚拟机。并且在 9、10、11 每个版本后面声明了所选版本需要的 ESXi 的版本号，如图 3-70 所示。

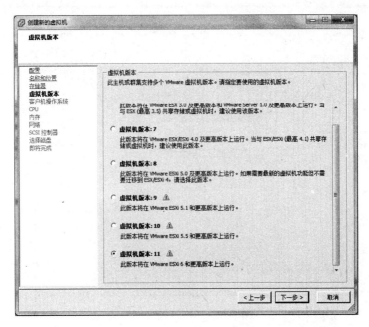

图 3-70 "虚拟机版本"对话框

（5）在"客户机操作系统"对话框中，选择客户机操作系统和版本号，如图 3-71 所示。

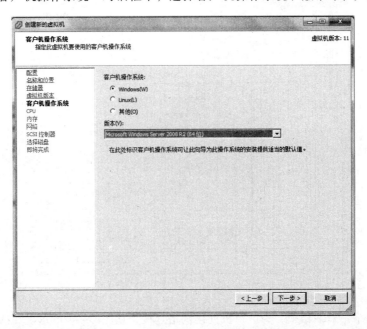

图 3-71 "客户机操作系统"对话框

（6）在 CPU 对话框中，选择虚拟机中虚拟 CPU 的数量，如图 3-72 所示。可添加到虚拟机的虚拟 CPU 的数量取决于主机上 CPU 的数量和客户机操作系统支持的 CPU 的数量。在为虚拟机选择内核数时，不能超过 VMware ESXi 所在主机的 CPU 内核总数，例如，当在一个具有 2 个 4 核心的 CPU 主机上创建虚拟机时，每个虚拟插槽的内核数不会超过 4 个。

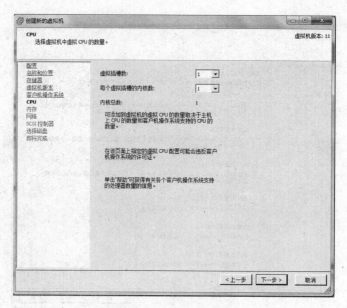

图 3-72　CPU 对话框

（7）在"内存"对话框中，配置虚拟机内存的大小，如图 3-73 所示。

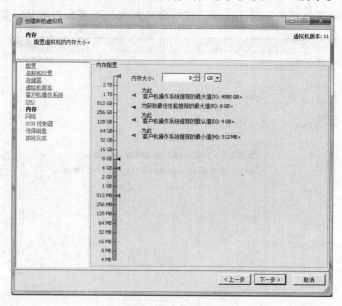

图 3-73　"内存"对话框

（8）在"网络"对话框中，为虚拟机创建网络连接，如图 3-74 所示。在 VMware ESXi 中的虚拟机，最多支持 4 个网卡。在 VMware ESXi 6 中，虚拟网卡支持 Intel E1000E、E1000 和 VMXNET 3 型网卡。当 VMware ESXi 主机有多个网络时，可以在"网络"列表中选择。

（9）在"SCSI 控制器"对话框中，选择 SCSI 控制器类型，包括 BusLogin、"LSI 逻辑并行"、LSI Logic SAS 和"VMware 准虚拟"4 种类型，通常情况下，选择默认值 LSI Logic SAS，如图 3-75 所示。

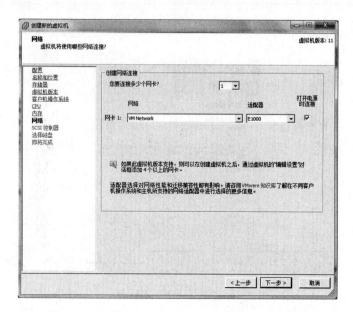

图 3-74　"网络"对话框

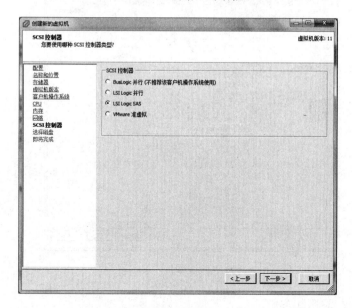

图 3-75　"SCSI 控制器"对话框

（10）在"选择磁盘"对话框中，选择要使用的磁盘类型，如图 3-76 所示。

（11）在"创建磁盘"对话框中，指定虚拟磁盘大小及置备策略。在磁盘置备方面有 3
种类型：厚置备延迟置零、厚置备置零和 Thin Provision，如图 3-77 所示。

● 厚置备延迟置零

默认的创建格式。创建磁盘时，直接从磁盘分配空间，不会擦除物理设备上保留的任何
数据。但是以后从虚拟机首次执行写操作时会按需要将其置零。磁盘性能较好，时间短，适
合于做池模式的虚拟桌面。

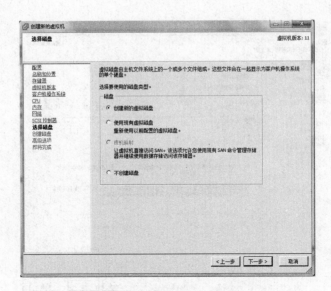

图 3-76 "选择磁盘"对话框

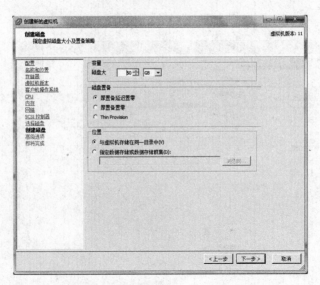

图 3-77 "创建磁盘"对话框

● 厚置备置零

创建支持群集功能的磁盘。创建磁盘时，直接为虚拟磁盘分配空间，并对磁盘保留数据置零。磁盘性能最好，时间长，适合于运行繁重应用业务的虚拟机。

● 精简置备（Thin Provision）

创建磁盘时，占用磁盘的空间大小根据实际所需的存储空间计算，即用多少分多少，不提前分配存储空间，对磁盘保留数据不置零，且最大不超过磁盘的限额。时间短，适合于对磁盘 I/O 不频繁的业务应用虚拟机。

（12）在"高级选项"对话框中，指定该虚拟机的高级选项，一般情况下不需要更改这些选项，如图 3-78 所示。

（13）在"即将完成"对话框中，查看当前新建虚拟机的设置，主要包括新建虚拟机的名称、主机/群集、数据存储、客户机操作系统、CPU、内存、网卡类型、磁盘容量等信息。单击"完成"按钮，完成新虚拟机的创建，如图 3-79 所示，如果进一步修改虚拟机设置，可以选中"完成前编辑虚拟机设置"复选框。创建完成的新虚拟机如图 3-80 所示。

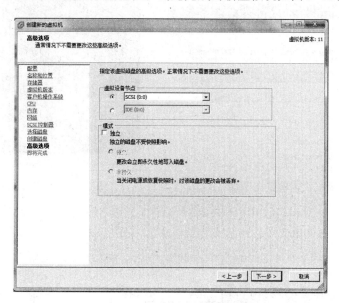

图 3-78　"高级选项"对话框

图 3-79　安装已完成对话框

2）在 ESXi 主机中安装操作系统

（1）在图 3-80 中选择 win2008，并单击工具栏中的 💻 图标，开启该虚拟机，如图 3-81 所示。

操作视频：在 ESXi 中安装操作系统

75

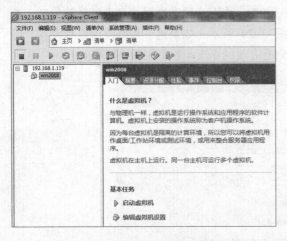

图 3-80　虚拟机创建完成界面　　　　　　　　　图 3-81　启动虚拟机界面

（2）在图 3-82 中，单击"CD/DVD 驱动器"图标，选择"连接到本地磁盘上的 ISO 映像"命令，选择操作系统的镜像文件，开始安装操作系统。图 3-83 为已成功安装的操作系统。

图 3-82　选择"连接到本地磁盘上的 ISO 镜像"命令

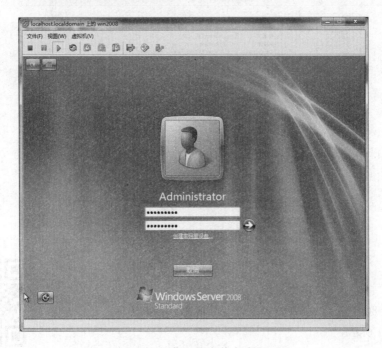

图 3-83　操作系统安装完成界面

（3）操作系统安装成功后，需要安装 VMware Tools，选择"虚拟机"→"客户机"→"安装/升级 VMware Tools"命令，开始进行安装，安装过程只需按照提示进行即可，这里不在赘述，如图 3-84 所示。

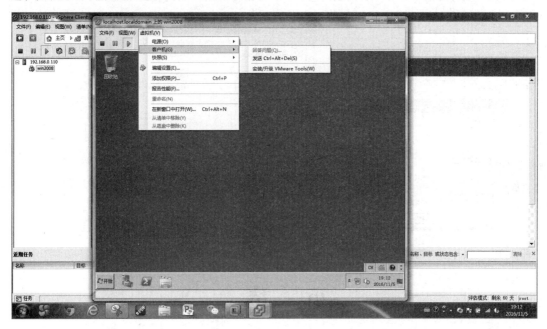

图 3-84　选择"安装/升级 VMware Tools"命令

6. 快照管理

在安装完操作系统后，对操作系统进行快照操作，具体操作步骤如下：

（1）选中要建立快照的虚拟机，在本例中右击 win2008 虚拟机，在弹出的快捷菜单中选择"生成快照"命令，如图 3-85 所示。

操作视频：在 ESXi
中创建快照

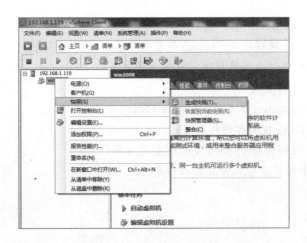

图 3-85　"生成快照"命令

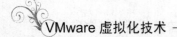
（2）在"执行虚拟机快照"对话框中，输入建立的快照的名称，并对该快照进行描述，如图 3-86 所示。

（3）在快照管理器中，可以看到创建的快照，并且可对该快照进行删除，如图 3-87 所示。

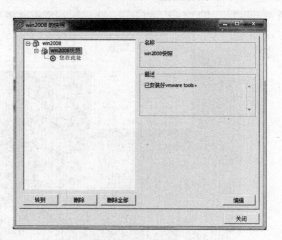

图 3-86　"执行虚拟机快照"对话框　　　　　图 3-87　快照管理器界面

小　结

VMware ESXi 是 vSphere 的核心组件之一，将处理器、内存、存储器和资源虚拟化为多个虚拟机。通过 ESXi 可以运行虚拟机/安装操作系统、运行应用程序以及配置虚拟机。VMware ESXi 的体系架构包含虚拟化层和虚拟机。本章介绍了 ESXi 6.0 的硬件安装要求和安装方式，重点描述了 VMware ESXi 的安装步骤，如何配置控制台以及如何使用 vSphere Client 管理 VMware ESXi。

习　题

1. 简单描述 VMware ESXi 的作用。
2. 简单描述虚拟化管理程序 VMkernel 的重要作用。
3. 准备 VMware ESXi 5.0 安装环境，有哪 3 种方法？
4. VMware ESXi 安装方式包括哪 4 种？
5. 在 VMware Workstation 中安装 VMware ESXi。
6. 描述 VMware ESXi 控制台的作用。
7. VMware ESXi 控制台与 vSphere Client 有何区别？
8. 在 ESXi 主机中创建虚拟机并安装操作系统。

第 $\textcircled{4}$ 章

➡ VMware vCenter Server 的应

vSphere 的两个核心组件是 VMware ESXi 和 VMware vCenter Server。ESXi 是用于创建和运行虚拟机的虚拟化平台。vCenter Server 是一种服务，充当连接到网络的 ESXi 主机的中心管理员。vCenter Server 可用于将多个主机的资源加入资源池中并管理这些资源。vCenter Server 还提供了很多功能，用于监控和管理物理和虚拟基础架构。在第 3 章已经介绍了 ESXi，本章将介绍 vCenter Server。

4.1 VMware vCenter Server 简介

vCenter 一般指 VMware vCenter™ Server。VMware vCenter Server 提供了一个可伸缩、可扩展的平台，为虚拟化管理奠定了基础。VMware vCenter Server（以前称为 VMware Virtual Center）可集中管理 VMware vSphere 环境，利用 vCenter Server，可集中管理多 ESXi 主机及其虚拟机。与其他管理平台相比，极大地提高了 IT 管理员对虚拟环境的控制。

微课：虚拟中枢—
vCenter Server

可以在 Windows 虚拟机或物理服务器上安装 vCenter Server，或者部署 vCenter Server Appliance。vCenter Server Appliance 是预配置的基于 Linux 的虚拟机，针对运行的 vCenter Server 组件进行了优化。可以在 ESXi 主机 5.0 或更高版本或者在 vCenter Server 实例 5.0 或更高版本上部署 vCenter Server Appliance。

从 vSphere 6.0 开始，运行的 vCenter Server 和 vCenter Server 组件的所有必备服务都在 VMware Platform Services Controller 中进行捆绑。可以部署具有嵌入式或外部 Platform Services Controller 的 vCenter Server，但是必须始终先安装或部署 Platform Services Controller，然后再安装或部署 vCenter Server。

vCenter Server 是 vSphere 虚拟化架构中的核心管理工具，如图 4-1 所示，利用 vCenter Server 可以集中管理多个 ESXi 主机及其虚拟机。

vCenter Server 位于 vSphere 的管理层下。vCenter Server 对数据中心进行便捷的单点控制。它运行于 Windows 64 位操作系统上，可提供许多基本的数据中心服务，如访问控制、性能监视以及配置。它可将各个计算服务器的资源整合起来，以供整个数据中心内的虚拟机共享。实现方法为：根据系统管理员设定的策略，管理分配给计算服务器的虚拟机以及分配给特定计算服务器内虚拟机的资源。

vCenter Server Windows 实施的一个低成本备用方案是以 vCenter Server 设备的形式提供，这是一个运行在基于 Linux 预配置设备中的 vCenter Server 实施。

即使万一无法访问 vCenter Server（如网络断开），计算服务器也能继续工作。可单独管理各个计算服务器，这些计算服务器将基于上一次设置的资源分配策略，继续运行分配给它们的虚拟机。vCenter Server 连接恢复后，它就能重新管理整个数据中心。

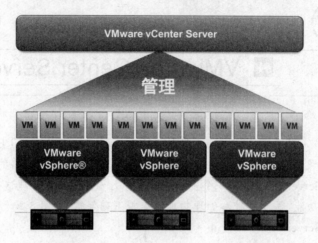

图 4-1　VMware vCenter Server 管理架构

vCenter Server 提供了多种可供用户选择的界面，用以管理数据中心和访问虚拟机。用户可以选择最符合自身需求的界面，如 vSphere Client、vSphere Web Client 或终端服务（如 Windows Terminal Service 或 Xterm）。

安装、配置和管理 vCenter Server 不当可能会导致管理效率降低，或者导致 ESXi 主机和虚拟机停机。

vCenter Server 的主要功能如下：

（1）简单的部署

① vCenter Server Appliance：使用基于 Linux 虚拟设备快速部署 vCenter Server 和管理 vSphere。

② 主机配置文件：可标准化和简化 vSphere 主机配置的配置和管理方式。这些配置文件可捕获经过验证的已知配置（包括网络连接、存储和安全设置）的蓝本，并将其部署到多台主机上，从而简化设置。主机配置文件策略还可以监控合规性。

（2）集中控制和可见性

① vSphere Web Client：支持在世界上任何地点通过任意浏览器管理 vSphere 的重要功能。

② vCenter 单点登录：用户只需登录一次，无需进一步的身份验证即可访问 vCenter Server 和 vCloud Director 的所有实例。

③ 自定义角色和权限：通过为用户指派自定义角色，限制对由虚拟机、资源池和服务器组成的整个清单的访问。拥有适当特权的用户可以创建这些自定义角色，如夜班操作员或备份管理员。

④ 清单搜索：无论在何处均可通过 vCenter 浏览整个 vCenter 清单（包括虚拟机、主机、数据存储和网络）。

（3）主动优化

① 资源管理：将处理器和内存资源分配给运行在相同物理服务器上的多个虚拟机。确定针对 CPU、内存、磁盘和网络带宽的最小、最大和按比例的资源份额。在虚拟机运行的同

时修改分配。支持应用动态获取更多资源，以满足高峰期性能要求。

② 动态分配资源：使用 DRS，可跨资源池不间断地监控利用率，并根据反映业务需求和不断变化的优先事务的预定义规则，在多个虚拟机之间智能分配可用资源。可实现一个具有内置负载平衡能力的自我管理、高效的 IT 环境。

③ 节能型资源优化：使用 DPM 自动监控和响应整个 DRS 集群的资源和能耗需求。当集群所需资源减少时，它会整合工作负载，并将主机置于待机模式，从而减少能耗。当资源需求增加时，自动将关闭的主机恢复在线状态以满足必要的服务级别要求。

④ 自动重启：使用 HA，通过对虚拟机采用故障切换解决方案保持较高的可用性。

（4）管理

① VMware vCenter Orchestrator：使用即时可用的工作流或通过方便的拖放式界面组建工作流来自动执行 800 多项任务。

② VMware vCenter Multi-Hypervisor Manager：将集中式管理扩展到 Hyper-V 主机，以提高异构虚拟化管理程序环境的可视性并简化控制。

③ VMware vCenter Operations Management Suite Standard：获得容量优化以及对运营情况的深入洞察和可视性，以增强 vSphere 基础架构的性能和运行状况。

④ vCenter Server Heartbeat（单独出售）：扩展了 vCenter Server 的可用性。当 LAN 或 WAN 断开连接时可将管理服务器和数据库自动故障切换到备用服务器。

（5）可扩展和可延展的平台

① 更高效的大规模管理：可通过单一 vCenter Server 实例管理多达 1 000 台主机和 10 000 个虚拟机。使用链接模式，可以跨 10 个 vCenter Server 实例管理多达 30 000 个虚拟机。使用 VMware HA 和 DRS 集群可以支持多达 32 台主机和 3 000 个虚拟机。

② 链接模式：在整个基础架构内复制角色、权限和许可证，因此用户可以同时登录所有 vCenter Server 并查看和搜索它们的清单。

③ 系统管理产品集成：使用 Web 服务 API，与现有系统管理产品实现灵活而经济高效的集成。

4.2　VMware vCenter Server 安装

4.2.1　vCenter Server 安装环境

vCenter Server 6.0 对硬件及操作系统提出了新的要求，下面对 vCenter Server 安装的硬件条件、操作系统、数据库以及安装介质的要求进行了介绍。

1. 硬件条件

安装 vCenter Server 的硬件条件如表 4-1 所示。

表 4-1　安装 vCenter Server 的硬件条件

设备硬件	条　件
所需的磁盘空间	最低=7 GB 最高=82 GB

续表

设备硬件	条　件
设备内存分配	对于包含 1 到 10 台主机或 1 到 100 个虚拟机的部署，分配 4 GB； 对于包含 10 到 100 台主机或 100 到 1 000 个虚拟机的部署，分配 8 GB； 对于包含 100 到 400 台主机或 1 000 到 4 000 个虚拟机的部署，分配 13 GB； 对于包含超过 400 台主机或 4 000 个虚拟机的部署，分配 17 GB
处理器	在 Windows 下安装 vCenter Server 6.0，建议使用 4 个或以上的 CPU

2. 操作系统要求

在 Windows 下安装 vCenter Server 6.0，需要使用以下操作系统：

（1）Windows Server 2008 Service Pack 2。

（2）Windows Server 2008 R2。

（3）Windows Server 2012。

（4）Windows Server 2012 R2。

3. 数据库要求

vCenter Server 支持多种数据库，在安装文件中集成 Microsoft SQL 2008 R2 Express，但只能支持 5 个 ESXi 主机以及 50 个虚拟机，数量有限制。大型应用环境推荐外部数据库，目前，vCenter Server 支持的数据库有 IBM DB2、Microsoft SQL 2005/2008、Oracle 10g。

4. 安装介质

可以访问 VMware 官方网站下载 60 天的评估版本，无任何功能限制。

4.2.2　VMware Vcenter Server 6.0 安装

（1）在虚拟机中加载 vCenter Server 安装光盘镜像。光盘自动运行后出现 vCenter Server 的安装界面，选择选择简单安装，如图 4-2 所示。

操作视频：安装 vCenter

（2）在"Vmware vCenter 安装程序"对话框中，选择"适用于 Windows 的 vCenter Server"选项，单击"安装"按钮，开始安装 VMware vCenter，如图 4-3 所示。

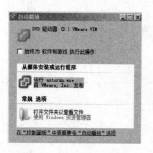

图 4-2　光盘选择界面

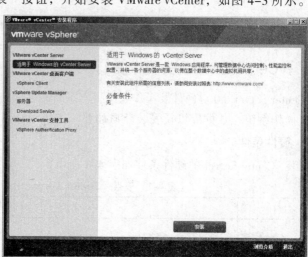

图 4-3　"vCenter Server 安装程序"对话框

（3）在"欢迎使用 VMware vCenter Server 6.0.0 安装程序"对话框中，单击"下一步"按钮，如图 4-4 所示。

（4）在"最终用户许可协议"对话框中，选择"我接受许可协议条款"复选框，单击"下一步"按钮，如图 4-5 所示。

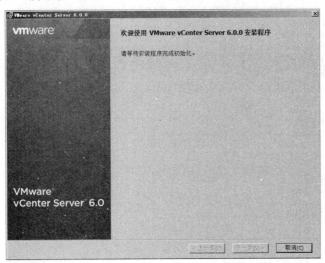

图 4-4　欢迎使用 VMware vCenter Server 6.0.0 安装程序界面

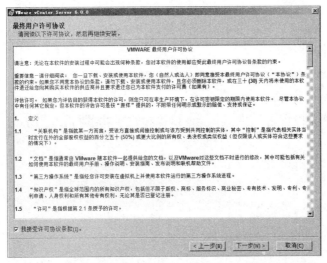

图 4-5　"最终用户许可协议"对话框

（5）在"选择部署类型"对话框中，设置 VMware vCenter 6.0 的部署类型，选择"嵌入式部署"，单击"下一步"按钮，如图 4-6 所示。

从 vSphere 6.0 开始，vCenter Single Sign-On 包括在嵌入式部署中或是 Platform Services Controller 的一部分。Platform Services Controller 包含 vSphere 组件之间进行通信所需的全部服务，其中包括 vCenter SingleSign-On、VMware 证书颁发机构、VMware Lookup Service 以及许可服务安装顺序。

如果部署类型选择外部部署（又称分布式部署），那么必须先安装 Platform Services Controller，然后再安装 vCenter Server。

如果部署类型选择嵌入式部署，将自动执行正确的安装顺序。

注意：一个 Platform Services Controller 最多支持 8 个 vCenter 实例，如果超出需要额外安装 Platform Services Controller。

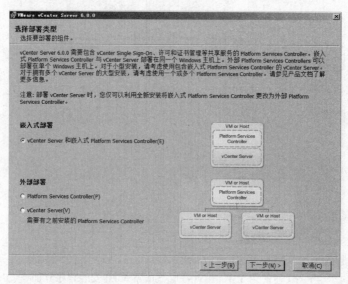

图 4-6　"选择部署类型"对话框

（6）如果安装 VMware vCenter Server 6.0.0 的处理器只有 1 个，会出现错误提示，无法继续安装，如图 4-7 所示。

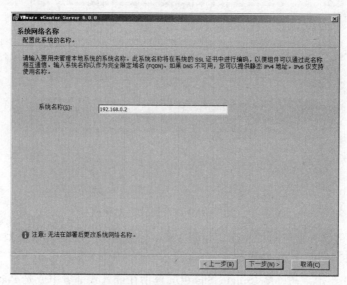

图 4-7　错误提示对话框

（7）在"系统网络名称"对话框中，设置系统名称，单击"下一步"按钮，如图 4-8 所示。

（8）在"vCenter Single Sign-On 配置"对话框中，设置 vCenter Single Sign-On 的用户名和密码，vCenter Single Sign-On 的密码要求至少 8 个字符，不超过 20 个字符，至少含 1 个大

写字符，至少包含 1 个小写字符，至少包含 1 个数字，至少包含 1 个特殊字符，仅限可显示的地位 ASCII 字符，如图 4-9 所示。如果密码设置不正确，会出现图 4-10 所示的提示框，单击"确定"按钮后，重新设置密码。

图 4-8　系统网络名称界面

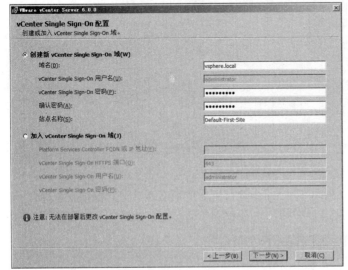

图 4-9　"vCenter Single Sign-On 配置"对话框

图 4-10　提示对话框

（9）在"vCenter Server 服务账户"对话框中，选择"使用 Windows 本地系统账户"单选按钮，单击"下一步"按钮，如图 4-11 所示。

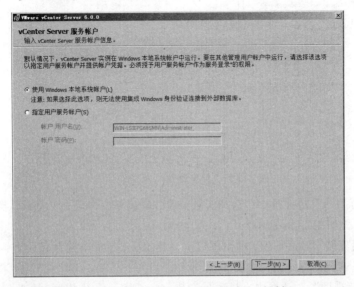

图 4-11　"vCenter Server 服务账户"对话框

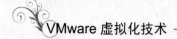

（10）在"数据库设置"对话框中，选择"使用嵌入式数据库"单选按钮，单击"下一步"按钮，如图 4-12 所示。

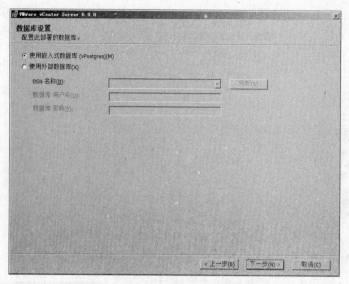

图 4-12　"数据库设置"对话框

（11）在"配置端口"对话框中，列出了 vCenter 运行所需的所有端口号，保持默认即可，单击"下一步"按钮，如图 4-13 所示。

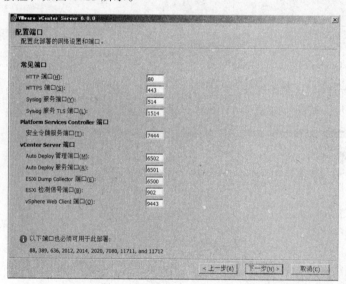

图 4-13　"配置端口"对话框

（12）在"目标目录"对话框中，选择安装位置，建议不要修改，保持默认路径即可，单击"下一步"按钮，如图 4-14 所示。

（13）在"准备安装"对话框中，列出了以上设置的所有参数，确认无误后，单击"安装"按钮即可开始安装 vCenter Server，如图 4-15 所示。

（14）在"安装进度"对话框中，显示了安装 vCenter Server 的进度，如图 4-16 所示。

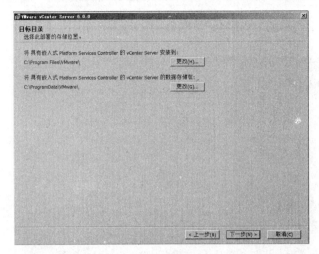

图 4-14　"目标目录"对话框

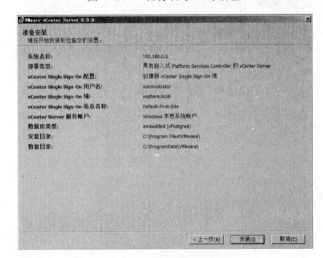

图 4-15　"准备安装"对话框

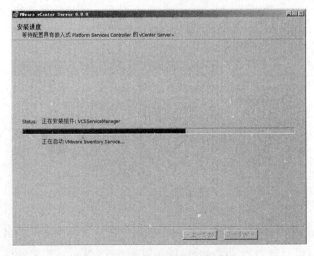

图 4-16　"安装进度"对话框

（15）在"安装完成"对话框中，显示已经成功安装完 vCenter Server，单击"完成"按钮，如图 4-17 所示。

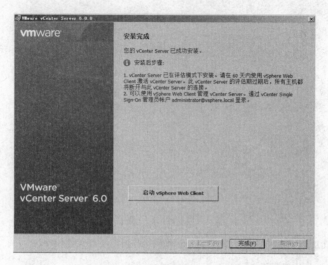

图 4-17 "安装完成"对话框

4.3 虚拟机操作

4.3.1 创建数据中心

虚拟数据中心是一种容器，其中包含配齐用于操作虚拟机的完整功能环境所需的全部清单对象，可以创建多个数据中心以组织各组环境。下面介绍如何创建数据中心以及向数据中心添加 ESXi 主机。

操作视频：创建数据中心

（1）使用 vShpere Client 登录到 vCenter Server，在"主页"视图中选择"主机和群集"。

（2）在 vCenter Server 的 IP 地址上右击，在弹出的快捷菜单中选择"新建数据中心"命令或选择"主页→清单→主机和群集"视图中，单击"创建数据中心"超链接，如图 4-18 所示。

图 4-18 选择"新建数据中心"命令

（3）此时左上角 vCenter Server 名称下面，会出现"新建数据中心"的名称，为数据中心命名，在本书中将数据中心命名为"vCenter-1"，如图 4-19 所示。如果名称不合适，可以右击该名称，在弹出的快捷菜单中选择"重命名"命令，修改数据中心的名称。

图 4-19 设置数据中心名称

4.3.2 向数据中心添加主机

在添加数据中心（或群集）后，可以在数据中心对象、文件夹对象或群集对象下添加主机。如果主机包含虚拟机，则这些虚拟机将与主机一起添加到清单。

在 vCenter Server 中，可以创建多个"数据中心"，每个"数据中心"可以添加多个 VMware ESXi 或 VMware ESXi 服务器。在每台 VMware ESXi 服务器中，可以有多个虚拟机。使用 vCenter Client 可以管理多台 VMware ESXi 服务器，并且可以在不同 VMware ESXi 之间"迁移"虚拟机。

（1）使用 vShpere Client 的登录到 vCenter Server，在"主页→清单→主机和群集"视图中，选中要承载主机的数据中心、群集或文件夹，在右侧单击"添加主机"超链接，如图 4-20 所示。

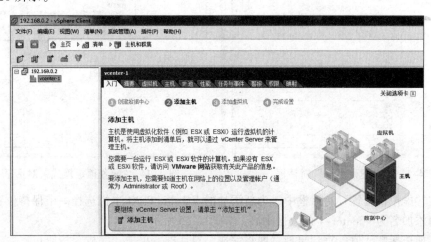

图 4-20 单击"添加主机"超链接

（2）在"指定连接设置"对话框中，在"主机"文本框中输入要添加的 VMware ESXi 主机的 IP 地址 192.168.0.6，在"用户名"和"密码"处输入添加的 VMware ESXi 服务器的用户名与密码（用户名为 root），如图 4-21 所示。

（3）在"主机信息"对话框中，显示了要添加的 VMware ESXi 主机的信息，如图 4-22 所示。

图 4-21 "指定连接设置"对话框　　　　　　图 4-22 "主机信息"对话框

（4）在"分配许可证"对话框中，为新添加的 VMware ESXi 分配许可证，如图 4-23 所示。如果当前没有可用的许可证，可以选中"向此主机分配新许可证密码"，并单击"输入密钥"按钮，以输入 VMware ESXi 的序列号。

（5）在"配置锁定模式"对话框中，选中是否为该主机启用锁定模式。在启用锁定模式后，可以防止远程用户直接登录到此主机，该主机仅可以通过本地控制台或授权的集中管理应用程序应用程序进行访问。一般情况下，不要选择"启用锁定模式"复选框，如图 4-24 所示。

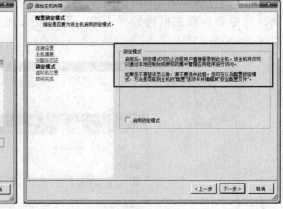

图 4-23 "分配许可证"对话框　　　　　　图 4-24 "配置锁定模式"对话框

（6）在"虚拟机位置"对话框中，为新添加的 VMware ESXi 主机选择一个保持位置，在此选择前面添加名为 vCenter-1 的数据中心，如图 4-25 所示。

（7）其他选择默认值，直到出现"即将完成"对话框，单击"完成"按钮。

（8）在添加完成后，被添加的主机显示在数据中心中，如图 4-26 所示。

如果继续添加其他主机，可以右击数据中心名称，在弹出的快捷菜单中选择"添加主机"命令。然后参照步骤（1）～（7），将其他 ESXi 主机添加到数据中心。

图 4-25　"虚拟机位置"对话框

图 4-26　添加完成界面

4.3.3　虚拟机的克隆与快照

1. 虚拟机的克隆

（1）连接到 vCenter 上，需要一台准备克隆的虚拟机，检查其运行状况。右击要克隆的虚拟机，然后选择"克隆"命令，如图 4-27 所示。

操作视频：克隆虚
拟机

图 4-27　选择"克隆"命令

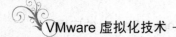
（2）进入克隆虚拟机向导。输入虚拟机的名称并且选择位置，然后单击"下一步"按钮，如图 4-28 所示。

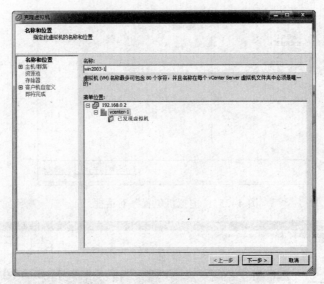

图 4-28 "名称和位置"对话框

（3）选择要在其上运行新虚拟机的主机，单击"下一步"按钮，如图 4-29 所示。

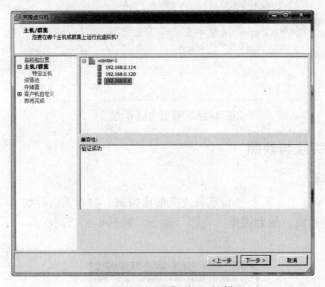

图 4-29 "主机/集群"对话框

（4）选择要存储虚拟机文件的数据存储位置。可以将所有虚拟机文件存储在数据存储上的同一位置，从"虚拟机存储配置文件"下拉菜单中选择虚拟机主文件和虚拟磁盘的虚拟机存储配置文件。也可以将虚拟机配置文件和磁盘存储在不同的位置，单击"高级"按钮，选择虚拟机配置文件和每个虚拟磁盘，单击"浏览"更改并选择数据存储或数据存储群集。或者将所有虚拟机文件存储在相同数据存储中。然后选择适用于虚拟机磁盘的格式，然后单击"下一步"按钮，如图 4-30 所示。

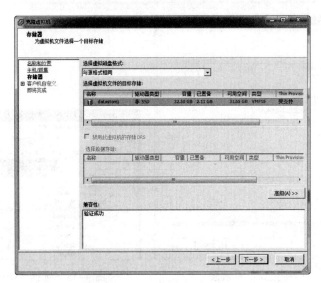

图 4-30　"存储器"对话框

（5）选择客户机操作系统自定义选项。可以勾选"创建后打开此虚拟机的电源"复选框，使虚拟机在克隆完毕后自己启动，如图 4-31 所示。

图 4-31　"客户机自定义"对话框

（6）查看要克隆的虚拟机的设置，在单击"完成"按钮前，可以对克隆后的虚拟机进行硬件设置或者更改，在"虚拟机属性"对话框中，进行任何所需的更改，然后单击"确定"按钮，最后单击"完成"按钮，此时将部署克隆的虚拟机。在克隆完成之前，不能使用或编辑虚拟机。如果克隆涉及创建虚拟磁盘，则克隆可能需要几分钟时间。在自定义阶段之前，可以随时取消克隆，如图 4-32 所示。

2. 虚拟机的快照

（1）连接到 vCenter 上，需要一台准备快照的虚拟机检查其运行状况。右击要快照的虚拟机，在弹出的快捷菜单中选择"快照"命令，如图 4-33 所示。

操作视频：建立快照

图 4-32 "即将完成"对话框

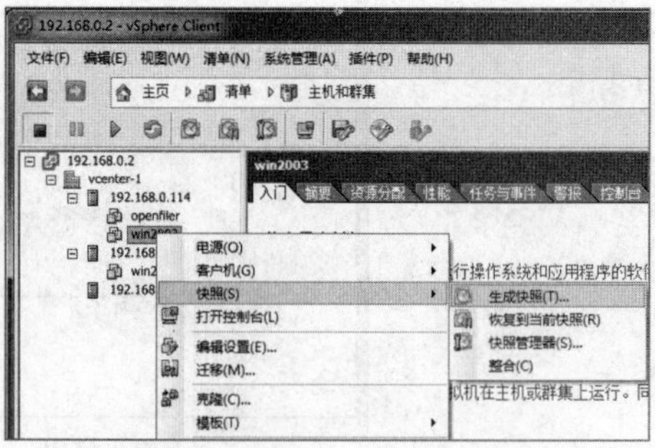

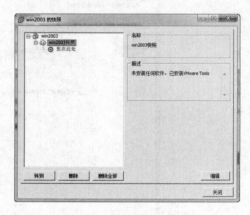

图 4-33 选择"快照"命令

（2）在"执行虚拟机快照"对话框中，为建立的快照输入名称，并对该虚拟机的状态进行描述，如图 4-34 所示。

（3）在快照管理器对话框中，可以看到新建立的快照，也可以删除、编辑快照，如图 4-35 所示。

图 4-34 "执行虚拟机快照"对话框

图 4-35 快照管理器对话框

4.3.4 使用模板部署虚拟机

使用虚拟机模板的目的是为了在企业环境中大量快速部署虚拟机。创建虚拟机模板一般有两种模式，一种是通过克隆的方式，"克隆为模板"虚拟机通过复制的方式产生模板而原虚拟机保留。另一种是通过转换的方式，"转换为模板"直接将虚拟机转换为模板而原来的虚拟机不保留。

1. 克隆为模板

（1）在将作为模板的虚拟机上右击，在弹出的快捷菜单中选择"模板"→"克隆为模板"命令，如图 4-36 所示。

（2）在"名称和位置"对话框中，输入模板名称，单击"下一步"按钮，如图 4-37 所示。

操作视频：创建模板

图 4-36　选择"克隆为模板"命令

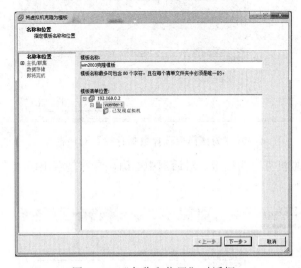

图 4-37　"名称和位置"对话框

（3）在"主机/群集"对话框中，为模板选择存储位置，单击"下一步"按钮，如图 4-38 所示。

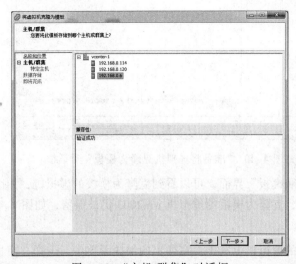

图 4-38　"主机/群集"对话框

（4）在"为该模板选择数据存储"对话框中，为模板选择目标存储，单击"下一步"按钮，如图 4-39 所示。

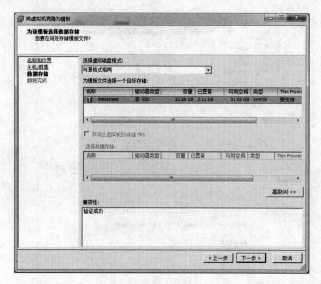

图 4-39 "为该模板选择数据存储"对话框

（5）在"准备将虚拟机克隆为模板"对话框中，确认参数是否正确，单击"完成"按钮，如图 4-40 所示。

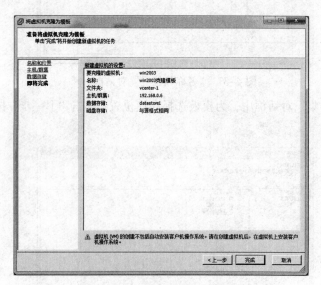

图 4-40 "准备将虚拟机克隆为模板"对话框

（6）打开"虚拟机和模板"界面，可以看到克隆为模板的虚拟机，如图 4-41 所示，回到"主机和群集"界面，克隆为模板的虚拟机 win2003 仍被保留，如图 4-42 所示。

2. 转换为模板

（1）在将作为模板的虚拟机上右击，在弹出的快捷菜单中，选择"模板"→"转换为模板"命令，如图 4-43 所示。其余操作与"克隆为模板"一样。

（2）打开虚拟机和模板，可以看到转换为模板的虚拟机，如图 4-44 所示，回到主机和群集页面，转换为模板的虚拟机 openfiler 已不存在，如图 4-45 所示。

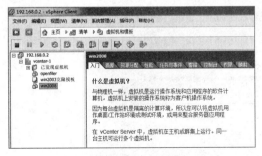

图 4-41　"虚拟机和模板"界面

图 4-42　"主机和群集"界面

图 4-43　选择"转换为模板"命令

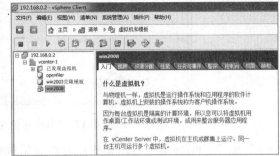

图 4-44　"虚拟机和模板"界面

图 4-45　"主机和群集"界面

3. 使用模板部署虚拟机

（1）打开虚拟机和模板，找到创建好的虚拟机，右击，在弹出的快捷菜单中选择"从此模板部署虚拟机"命令，如图 4-46 所示。

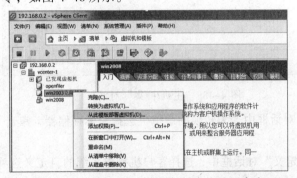

图 4-46　选择"从此模板部署虚拟机"命令

（2）在"名称和位置"对话框中，输入虚拟机名称，单击"下一步"按钮，如图 4-47 所示。

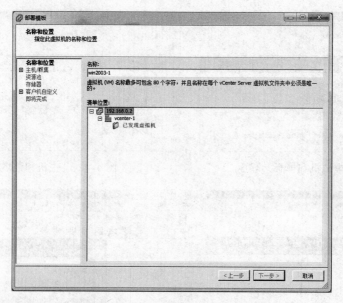

图 4-47 "名称和位置"对话框

（3）在"主机/群集"对话框中，选择虚拟机运行的主机，单击"下一步"按钮，如图 4-48 所示。

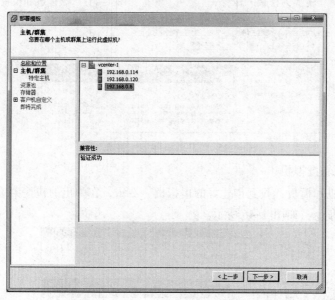

图 4-48 "主机/群集"对话框

（4）在"存储器"对话框中，为转换的虚拟机选择目标存储器，单击"下一步"按钮，如图 4-49 所示。

（5）在"客户机自定义"对话框中，选择客户机操作系统的自定义选项，单击"下一步"按钮，如图 4-50 所示。

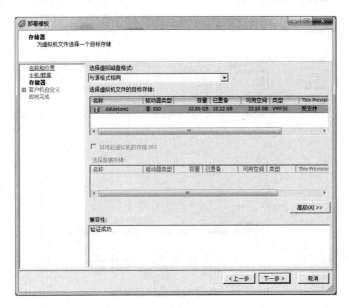

图 4-49   "存储器"对话框

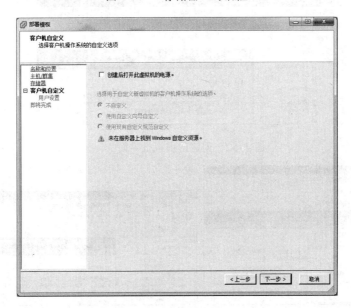

图 4-50   "客户机自定义"对话框

（6）在"即将完成"对话框中，列出了新建虚拟机的信息，单击"完成"按钮，如图 4-51 所示。图 4-52 显示了使用模板创建好的虚拟机。

4. 模板转换为虚拟机

打开虚拟机和模板，找到创建好的虚拟机，右击，在弹出的快捷菜单中选择"转换为虚拟机"命令，如图 4-53 所示。接下来的操作与"从此模板部署虚拟机"一致。图 4-54 显示了已经转换成功的虚拟机。

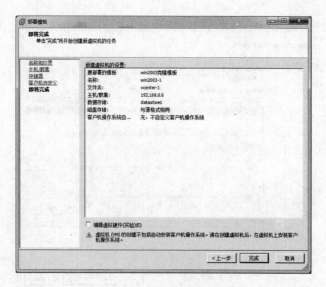

图 4-51　新建虚拟机信息界面

图 4-52　创建的虚拟机界面

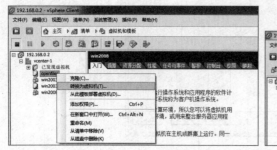

图 4-53　选择"转换为虚拟机"命令

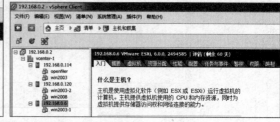

图 4-54　转换成功的虚拟机界面

小　结

　　vCenter Server 是一种服务,充当连接到网络的 ESXi 主机的中心管理员。正确安装 vCenter Server 是非常重要的。本章简单描述了 vCenter Server 的功能、作用及其安装环境后,重点介绍了 vCenter Server 的安装以及创建数据中心、添加主机、克隆与快照虚拟机和使用模板部署虚拟机的操作。

习　题

1. 介绍 VMware vCenter Server 的作用及主要功能。
2. 安装 VMware vCenter，并创建数据中心，添加主机。
3. 使用模板部署虚拟机时，"克隆为模板"和"转换为模板"有何区别？

第 5 章
➡ **虚拟机实时迁移**

如果需要使某个主机脱机以便进行维护，可将虚拟机移至其他主机。通过 VMotion 迁移，虚拟机工作进程可以在整个迁移期间继续执行。通过 VMotion 迁移虚拟机时，虚拟机的新主机必须满足兼容性要求才能继续进行迁移。

5.1 VMotion 迁移介绍

vSphere VMotion 能在实现零停机和服务连续可用的情况下将正在运行的虚拟机从一台物理服务器实时地迁移到另一台物理服务器上，并且能够完全保证事务的完整性，图 5-1 所示为 VMotion 迁移示意图。

5.1.1 VMotion 迁移的作用

（1）通过 VMotion，可以更改运行虚拟机的计算资源，或者同时更改虚拟机的计算资源和存储。

图 5-1　vSphere VMotion

（2）通过 VMotion 迁移虚拟机并选择仅更改主机时，虚拟机的完整状态将移动到新主机。关联虚拟磁盘仍然处于必须在两个主机之间共享的存储器上的同一位置。

（3）选择同时更改主机和数据库时，虚拟机的状态将移动到新主机，虚拟磁盘将移动到其他数据存储。在没有共享存储的 vSphere 环境中，可以通过 VMotion 迁移到其他主机和数据存储。

微课：高效节能—VMotion 迁移

（4）在虚拟机状况迁移到备用主机后，虚拟机即会在新主机上运行。使用 VMotion 迁移对正在运行的虚拟机完全透明。

（5）选择同时更改计算资源和存储时，可以使用 VMotion 在 vCenter Server 实例、数据中心以及子网之间迁移虚拟机。

5.1.2 VMotion 迁移的优点

VMotion 是创建动态、自动化并自我优化的数据中心所需的关键促成技术，它的主要优点主要有以下几方面：

1. 即时迁移正在运行的虚拟机

VMware 的客户中，80% 都在生产中部署了 VMotion 技术，此技术利用服务器、存储和网络连接的完全虚拟化，可将正在运行的整个虚拟机从一台物理服务器立即迁移到另一台物理服务器上，同时，虚拟机会保留其网络标识和连接，从而确保实现无缝的迁移过程，管理员可以使用这种热迁移技术来完成如下操作：

（1）在零停机、用户毫无察觉的情况下执行实时迁移。

（2）持续自动优化资源池中的虚拟机。

（3）在无需安排停机、不中断业务运营的情况下执行硬件维护。

（4）主动将虚拟机从发生故障或性能不佳的服务器中移出，从而保证虚拟机的运行效率。

2. 轻松管理和安排实时迁移

迁移向导可以使管理员轻松管理和安排虚拟机的迁移操作。

（1）执行任何虚拟机的多个并行迁移，虚拟机可以跨任何受 vSphere 支持的硬件和存储并运行任何操作系统。

（2）几秒钟内即可确定虚拟机的最佳放置位置。

（3）安排迁移在预定时间发生，且无需管理员在场。

5.1.3　VMotion 迁移实现原理与工作机制

使用 VMware VMotion 将虚拟机从一台物理服务器实时迁移到另一台物理服务器的过程是通过如下 3 项基础技术实现的：

（1）虚拟机的整个状态由存储在数据存储（如光纤通道或 iSCSI 存储区域网络（SAN）、网络连接存储（NAS）或者物理主机本地存储）上的一组文件封装起来。vSphere 虚拟机文件系统（VMFS）允许多个 vSphere 主机并行访问相同的虚拟机文件。

（2）虚拟机的活动内存及精确的执行状态通过高速网络快速传输，从而允许虚拟机立即从在源 vSphere 主机上运行切换到在目标 vSphere 主机上运行。VMotion 通过在位图中连续跟踪正在进行的内存事务来确保用户察觉不到传输期，一旦整个内存和系统状态已拷贝到目标 vSphere 主机，VMotion 将中止源虚拟机的运行，将位图的内容拷贝到目标 vSphere 主机，并在目标 vSphere 主机上恢复虚拟机的运行。整个过程在以太网上需要不到两秒钟的时间。

（3）底层 vSphere 主机将对虚拟机使用的网络进行虚拟化。这样可以确保即使在迁移后也能保留虚拟机网络标识和网络连接。因为使用 VMotion 进行虚拟机迁移可以保留精确的执行状态、网络标识和活动网络连接，其结果是实现了零停机时间且不中断用户操作。

执行 VMotion 迁移时，运行中的进程在整个迁移过程中都将保持运行状态。虚拟机的完整状态都会被移到新的主机中，而数据存储仍位于原来的数据存储上。虚拟机的状态信息包括当前的内存内容以及用于定义和标识虚拟机的所有信息。内存内容包括事务数据以及内存中的操作系统和应用程序的数据。

状态中存储的信息包括映射到虚拟机硬件元素的所有数据，如 BIOS、设备、CPU、以太网卡的 MAC 地址、芯片集状态、注册表等。

在图 5-2 中显示的是一种基于共享存储的基本配置，下面介绍 VMotion 是如何工作的。

（1）虚拟机 A（VM A）从名为 ESXi01 的主机迁移到名为 ESXi02 的主机。

（2）激活 VMotion 迁移操作后，会在 ESXi02 主机上产生与 ESXi01 主机一样配置的虚拟机，此时 ESXi01 会创建内存位图，在进行 VMotion 操作时，所有对虚拟机的操作都会记录在内存位图中。

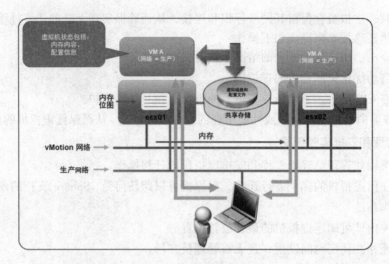

图 5-2　基于共享存储的 VMotion 迁移

（3）开始克隆 ESXi01 主机虚拟机 VM A 的内存到 ESXi02 上。

（4）ESXi01 的内存位图也需要克隆到 ESXi02 主机，此时会出现短暂的停止时间，但是由于内存位图的克隆时间非常短，用户基本感觉不到。

（5）内存位图完全克隆完成后，ESXi02 主机会根据内存位图激活虚拟机 VM A。

（6）此时系统会对网卡的 MAC 地址重新对应，当 MAC 地址对应完成后，ESXi01 主机上的 VM A 会被删除，将内存释放，VMotion 操作完成。

5.1.4　VMotion 的主机配置

使用 VMotion 之前，必须确保已正确配置主机：

（1）必须针对 VMotion 正确许可每台主机。

（2）每台主机必须满足 VMotion 的共享存储器需求。

将要进行 VMotion 操作的主机配置为使用共享存储器，以确保源主机和目标主机均能访问虚拟机。

在通过 VMotion 迁移期间，所迁移的虚拟机必须位于源主机和目标主机均可访问的存储器上。确保要进行 VMotion 操作的主机都配置为使用共享存储器。共享存储可位于光纤通道存储区域网络（SAN）上，也可使用 iSCSI 和 NAS 实现。

如果使用 VMotion 迁移具有裸设备映射（RDM）文件的虚拟机，确保为所有参与主机中的 RDM 维护一致的 LUN ID。

（3）每台主机必须满足 VMotion 的网络要求。

通过 VMotion 迁移，要求已在源主机和目标主机上正确配置网络接口。

为每个主机至少配置一个 VMotion 流量网络接口。为了确保数据传输安全，VMotion 网络必须是只有可信方有权访问的安全网络。额外带宽大大提高了 VMotion 性能。如果在不使用共享存储的情况下通过 VMotion 迁移虚拟机，虚拟磁盘的内容也将通过网络进行传输。

注意：VMotion 网络流量未加密。应置备安全专用网络，仅供 VMotion 使用。

① 并发 VMotion 迁移的要求。必须确保 VMotion 网络至少为每个并发 VMotion 会话提供 250 Mbit/s 的专用带宽。带宽越大，迁移完成的速度就越快。WAN 优化技术带来的吞吐量增加不计入 250 Mbit/s 的限制。

要确定可能的最大并发 VMotion 操作数，请参见有关同时迁移的限制。这些限制因主机到 VMotion 网络的链路速度不同而异。

② 远距离 VMotion 迁移的往返时间。如果已经向环境应用适当的许可证，则可以在通过高网络往返滞后时间分隔的主机之间执行可靠迁移。对于 VMotion 迁移，支持的最大网络往返时间为 150 ms。此往返时间允许将虚拟机迁移到距离较远的其他地理位置。

③ 多网卡 VMotion。可通过将两个或更多网卡添加到所需的标准交换机或 Distributed Switch，为 VMotion 配置多个网卡。

④ 网络配置。按如下所示，在启用 VMotion 的主机上配置虚拟网络：

第一步：在每台主机上，为 VMotion 配置 VMkernel 端口组。

要跨 IP 子网路由 VMotion 流量，需在主机上启用 VMotion TCP/IP 堆栈。请参见将 VMotion 流量放置在 ESXi 主机上的 VMotion TCP/IP 堆栈上。

第二步：如果使用标准交换机实现联网，需确保用于虚拟机端口组的网络标签在各主机间一致。在通过 VMotion 迁移期间，vCenter Server 根据匹配的网络标签将虚拟机分配到端口组。

注意：默认情况下，即使目标主机也具有标签相同的非上行链路标准交换机，也无法使用 VMotion 迁移连接到未配置物理上行链路的标准交换机的虚拟机。

5.1.5　VMotion 迁移虚拟机条件和限制

要使用 VMotion 迁移虚拟机，虚拟机必须满足特定网络、磁盘、CPU、USB 及其他设备的要求。

（1）源和目标管理网络 IP 地址系列必须匹配。不能将虚拟机从使用 IPv4 地址注册到 vCenter Server 的主机迁移到使用 IPv6 地址注册的主机。

（2）不能使用 VMotion 迁移功能来迁移将裸磁盘用于群集的虚拟机。

（3）如果已启用虚拟 CPU 性能计数器，则可以将虚拟机只迁移到具有兼容 CPU 性能计数器的主机。

（4）可以迁移启用了 3D 图形的虚拟机。

（5）可使用连接到主机上物理 USB 设备的 USB 设备迁移虚拟机，必须使设备能够支持 VMotion。

（6）如果虚拟机使用目标主机上无法访问的设备所支持的虚拟设备，则不能使用"通过 VMotion 迁移"功能来迁移该虚拟机。

（7）如果虚拟机使用客户端计算机上设备所支持的虚拟设备，则不能使用"通过 VMotion 迁移"功能来迁移该虚拟机。在迁移虚拟机之前，要断开这些设备的连接。

（8）如果目标主机还具有 Flash Read Cache，则可以迁移使用 Flash Read Cache 的虚拟机。迁移期间，可以选择是迁移虚拟机缓存还是丢弃虚拟机缓存（如缓存大小较大时）。

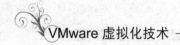

5.2 迁移虚拟机

5.2.1 VMotion 前期准备

（1）检查 CPU 是否兼容。

（2）确保符合 VMotion 网络要求。

（3）确保所迁移的虚拟机必须位于源主机和目标主机均可访问的存储器上。

（4）数据及网络映射图。

（5）确保源主机没有连接软盘和 CD/DVD。

5.2.2 使用 VMotion 迁移虚拟机

（1）使用 vClient 登录到 vCenter Server，如图 5-3 所示。

（2）右击需要迁移的虚拟机，在弹出的快捷菜单中选择"迁移"命令，如图 5-4 所示。

操作视频：VMotion
迁移对虚拟机的要求

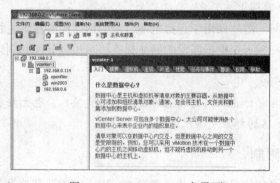

图 5-3　vCenter Server 主界面

图 5-4　选择"迁移"命令

（3）在"选择迁移类型"对话框，选择"更改主机和数据存储"单选按钮，单击"下一步"按钮，如图 5-5 所示。

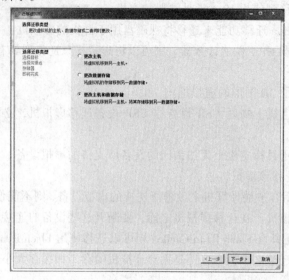

图 5-5　"选择迁移类型"对话框

（4）在"选择目标"对话框，选择迁移的主机，验证成功后，单击"下一步"按钮，如图 5-6 所示。

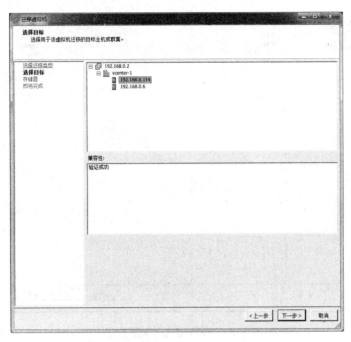

图 5-6　"选择目标"对话框

（5）在"存储器"对话框中，选择存储地址，单击"下一步"按钮，如图 5-7 所示。

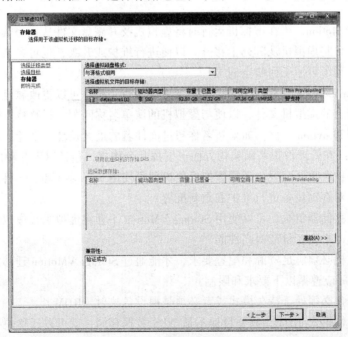

图 5-7　"存储器"对话框

（6）在"即将完成"对话框，单击"完成"按钮，完成虚拟机的迁移，如图 5-8 所示。

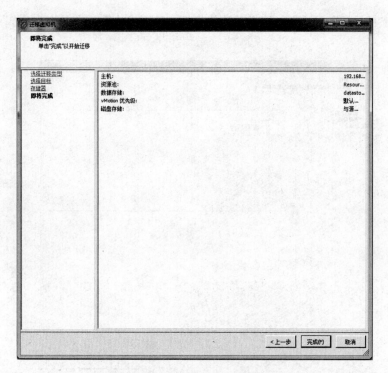

图 5-8 "即将完成"对话框

5.3 迁移虚拟机存储

使用 Storage VMotion，可在虚拟机运行时将虚拟机及其磁盘文件从一个数据存储迁移到另一个数据存储，可将虚拟机从阵列上移开，以便进行维护或升级，也可灵活地优化磁盘性能，或转换磁盘类型（可用于回收空间）。

在通过 Storage VMotion 迁移时，虚拟机不会更改执行主机，可以更改磁盘置备类型，会更改目标数据存储上的虚拟机文件，以便与虚拟机的清单名称匹配。迁移将重命名所有虚拟磁盘、配置、快照和.nvram 文件。如果新名称超过文件名的最大长度，则迁移不成功。

Storage VMotion 在管理虚拟基础架构方面可发挥几个作用，包括以下几种用例：

（1）存储器维护和重新配置。无需虚拟机停机即可使用 Storage VMotion 将虚拟机从存储设备上移开，从而对存储设备进行维护和重新配置。

（2）重新分配存储器负载。可以使用 Storage VMotion 手动将虚拟机或虚拟磁盘重新分配到不同的存储卷，以平衡容量或提高性能。

虚拟机及其主机必须满足资源和配置要求，才能通过 Storage VMotion 迁移虚拟机磁盘。

Storage VMotion 应遵循以下要求和限制：

（1）虚拟机磁盘必须处于持久模式或者必须是裸设备映射（RDM）。

对于虚拟兼容性模式 RDM，只要目标不是 NFS 数据存储，就可以迁移映射文件或在迁移期间将磁盘转换为厚置备或精简置备磁盘。如果转换映射文件，则会创建新的虚拟磁盘，并将映射的 LUN 的内容复制到此磁盘。对于物理兼容性模式 RDM，则只能迁移映射文件。

（2）不支持在 VMware Tools 安装期间进行虚拟机迁移。

　　由于 VMFS3 数据存储不支持大容量虚拟磁盘，因此，无法将大于 2 TB 的虚拟磁盘从 VMFS5 数据存储移至 VMFS3 数据存储。

（3）虚拟机正在其上运行的主机必须有包括 Storage VMotion 的许可证。

（4）ESX/ESXi 4.0 和更高版本的主机不需要 VMotion 配置即可通过 Storage VMotion 执行迁移。

（5）运行虚拟机的主机必须能够访问源数据存储和目标数据存储。

小　　结

　　当需要将虚拟机从一台主机迁移到另一台主机时，可以使用 VMotion 迁移。本章首先介绍了 VMotion 迁移的作用、VMotion 迁移的优点、VMotion 迁移实现原理与工作限制以及迁移虚拟机条件和限制，介绍了 Storage VMotion 的作用以及迁移的要求和限制，重点描述了如何使用 VMotion 迁移虚拟机的操作。

习　　题

1. 解释 VMotion 迁移。
2. 简述 VMotion 迁移的作用。
3. 简述 VMotion 迁移实现原理与工作机制。
4. VMotion 迁移能否将虚拟机从一个数据中心迁移到另一个数据中心？
5. 使用 VMotion 迁移将虚拟机从一台主机迁移到另一台主机。
6. Storage VMotion 的作用是什么？

→ 配置虚拟交换机

6.1 虚拟交换机介绍

6.1.1 标准交换机

微课：虚实之间—虚拟网络配置

vSphere Standard Switch（vSS，标准交换机）。是由每台 ESXi 主机虚拟出来的交换机，与物理以太网交换机非常类似。它检测与其虚拟端口进行逻辑连接的虚拟机，并使用该信息向正确的虚拟机转发流量。可使用物理以太网适配器（也称为上行链路适配器）将虚拟网络连接至物理网络，以将 vSphere 标准交换机连接到物理交换机。此类型的连接类似于将物理交换机连接在一起以创建较大型的网络。即使 vSphere 标准交换机的运行方式与物理交换机十分相似，但不具备物理交换机所拥有的一些高级功能。

安装 ESXi 后，系统会自动创建一个虚拟交换机 vSwitch0。虚拟交换机通过物理网卡实现 ESXi 主机、虚拟机与外界通信。

主机上的虚拟机网络适配器和物理网卡使用交换机上的逻辑端口，每个适配器使用一个端口。标准交换机上的每个逻辑端口都是单一端口组的成员。图 6-1 所示为 vSphere 标准交换机架构图。

上行链路端口/端口组：在虚拟交换机上用于连接物理网卡的端口/端口组，多个端口组合成端口组。

虚拟交换机：由 ESXi 内核提供，上行链路端口/端口组和虚拟端口/端口组组合而成，用于虚拟机、物理机、管理界面之间的正常通信。

vmnic：在 ESXi 中，物理网卡名称都叫 vmnic，第一片物理网卡为 vmnic0，第二片 vmnic1，依此类推，如图 6-1 所示的两片网卡则为 vmnic0 和 vmnic1。在安装完 ESXi 后，默认会添加第一片网卡 vmnic0。vSphere 的高级功能必须通过多片网卡来实现。

vmknic：也是物理网卡，是分配给虚拟端口/端口组的网卡；

标准端口组：标准交换机上的每个标准端口组都由一个对于当前主机必须保持唯一的网络标签来标识。可以使用网络标签来使虚拟机的网络配置可在主机间移植。应为数据中心的端口组提供相同标签，这些端口组使用在物理网络中连接到一个广播域的物理网卡。反过来，如果两个端口组连接不同广播域中的物理网卡，则这两个端口组应具有不同的标签。

例如，可以创建生产和测试环境端口组来作为在物理网络中共享同一广播域的主机上的虚拟机网络。

VLAN ID：是可选的，它用于将端口组流量限制在物理网络内的一个逻辑以太网网段中。

要使端口组接收同一个主机可见，但来自多个 VLAN 的流量，必须将 VLAN ID 设置为 VGT（VLAN 4095）。

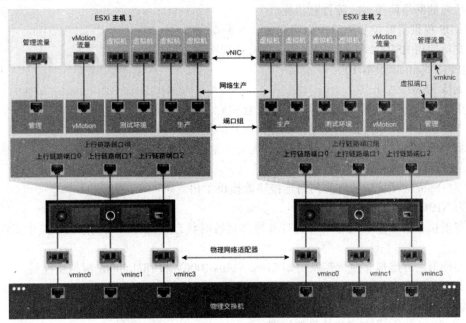

图 6-1 vSphere 标准交换机架构图

标准端口数：为了确保高效使用主机资源，在运行 ESXi 5.5 及更高版本的主机上，标准交换机的端口数将按比例自动增加和减少。此主机上的标准交换机可扩展至主机上支持的最大端口数。

6.2.2 分布式交换机

vSphere Distributed Switch（vDS 或 vNDS，分布式交换机）是以 vCenter Server 为中心创建的虚拟交换机，此虚拟交换机可以跨越多台 ESXi 主机，同时管理多台 ESXi 主机。可以在 vCenter Server 系统上配置 vSphere Distributed Switch，该配置将传播至与该交换机关联的所有主机。这使得虚拟机可在跨多个主机进行迁移时确保其网络配置保持一致。

使用 vSS 需要在每台 ESXi 主机上进行网络配置，如果 ESXi 主机数量较少，vSS 是比较适用的。如果 ESXi 主机数量较多，vSS 就不适用了，否则会大大增加虚拟化架构管理人员的工作量且容易配置出错。此时，使用 vDS 是最好的选择。vDS 是使用 vCenter Server 进行集中配置。每个 vCenter Server 最多有 16 个 vDS，每个 vDS 最多可以连接 64 个宿主。vDS 通过 vCenter Server 创建和维护，但是它们的运行并不依赖于服务器。如果 vCenter Server 变得不可用，vDS 不会丢失它们的配置。当一个 vDS 在 vCenter Server 中创建时，每一个宿主上会创建一个隐藏的 vSwitch 与 vDS 连接，它位于本地 VMFS 卷的名为.dvsData 的文件夹中。vDS 不仅包含 vSwitch 集中管理的功能，还具备以下的功能特性：

（1）简化虚拟机的网络配置

利用以下 VDS 功能特性，可以简化跨多个主机调配、管理和监控虚拟网络连接的过程：

① 集中控制虚拟交换机端口配置、端口组命名、筛选器设置等。

② 链路聚合控制协议（LACP），用于协商并自动配置 vSphere 主机与访问层物理交换机

之间的链路聚合。

③ 网络运行状况检查功能，用于验证 vSphere 到物理网络的配置。

④ 增强的网络监控和故障排除功能。

（2）vDS 提供了监控和故障排除功能

① 支持使用 RSPAN 和 ERSPAN 协议进行远程网络分析。

② IPFIX Netflow 版本 10。

③ 支持 SNMPv3。

④ 用于修补和更新网络配置的回滚和恢复功能。

⑤ 支持对虚拟网络连接配置进行备份和恢复的模板。

⑥ 基于网络的核心转储（网络转储），无需本地存储即可调试主机。

（3）支持高级 vSphere 网络连接功能

vDS 为 vSphere 环境中的许多网络连接功能提供了构造块：

① 为 NIOC 提供了核心要素。

② 在虚拟机跨多个主机移动时保持其网络运行时状态，支持嵌入式监控和集中式防火墙服务。

③ 支持第三方虚拟交换机扩展，如 Cisco Nexus 1000V 和 IBM 5000v 虚拟交换机。

④ 支持单根 I/O 虚拟化（SR-IOV），以实现低延迟和高 I/O 工作负载。

⑤ 包含 BPDU 筛选器，可防止虚拟机将 BPDU 发送到物理交换机。

图 6-2 为 vSphere 分布式交换机架构图。

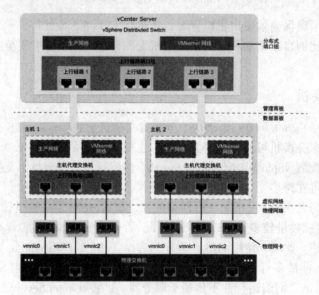

图 6-2　vSphere 分布式交换机架构图

vSphere 中的网络交换机由两个逻辑部分组成：数据面板和管理面板。数据面板可实现软件包交换、筛选和标记等。管理面板是用于配置数据面板功能的控制结构。vSphere 标准交换机同时包含数据面板和管理面板，可以单独配置和维护每个标准交换机。

vSphere Distributed Switch 的数据面板和管理面板相互分离。Distributed Switch 的管理功能驻留在 vCenter Server 系统上，可以在数据中心级别管理环境的网络配置。数据面板则保留在与 Distributed Switch 关联的每台主机本地。Distributed Switch 的数据面板部分称为主机代理交换机。在 vCenter Server（管理面板）上创建的网络配置将被自动向下推送至所有主机代理交换机（数据面板）。

vSphere Distributed Switch 引入的上行链路端口组和分布式端口组用于为物理网卡、虚拟机和 VMkernel 服务创建一致的网络配置。

上行链路端口组：上行链路端口组或 dvuplink 端口组在创建 Distributed Switch 期间进行定义，可以具有一个或多个上行链路。上行链路是可用于配置主机物理连接以及故障切换和负载平衡策略的模板。可以将主机的物理网卡映射到 Distributed Switch 上的上行链路。在主机级别，每个物理网卡将连接到特定 ID 的上行链路端口。可以对上行链路设置故障切换和负载平衡策略，这些策略将自动传播到主机代理交换机或数据面板。因此，可以为与 Distributed Switch 关联的所有主机的物理网卡应用一致的故障切换和负载平衡配置。

分布式端口组：分布式端口组可向虚拟机提供网络连接并供 VMkernel 流量使用。使用对于当前数据中心唯一的网络标签来标识每个分布式端口组。可以在分布式端口组上配置网卡成组、故障切换、负载平衡、VLAN、安全、流量调整和其他策略。连接到分布式端口组的虚拟端口具有为该分布式端口组配置的相同属性。与上行链路端口组一样，在 vCenter Server（管理面板）上为分布式端口组设置的配置将通过其主机代理交换机（数据面板）自动传播到 Distributed Switch 上的所有主机。因此，可以配置一组虚拟机以共享相同的网络配置，方法是将虚拟机与同一分布式端口组关联。

6.3　管理标准交换机

6.3.1　为标准交换机添加控制网卡

在 VMware Workstation 中创建一个 VMware ESXi 的虚拟机，在成功安装之后，修改 VMware ESXi 虚拟机设置，添加一块虚拟机网卡。网络连接模式均设置为"网桥"模式。

（1）使用 vSphere Client 登录到 VMware ESXi 主控制台，选择"配置"→"网络"选项，单击"属性"按钮，如图 6-3 所示。

操作视频：标准交换
机配置

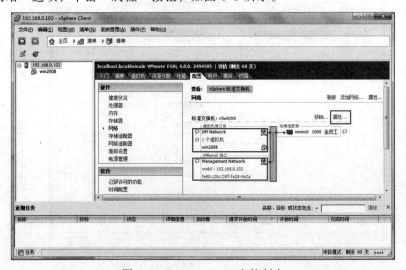

图 6-3　VMware ESXi 主控制台

在图 6-3 中，虚拟机通信端口是 ESXi 主机中最基本的通信端口，主要承载 ESXi 主机运行的虚拟机通信流量。安装完成后创建的第一个虚拟交换机 vSwitch0 就包含此端口。

核心通信端口：需要配置 IP 地址和网关，其主要用于管理网络、iSCSI 存储网络、VMotion、NFS 存储、FT 网络等，可建立多个 VMkernel 网络将每个网络都独立开来。

（2）在"vSwitch0 属性"对话框中，"端口"选项卡列出了当前虚拟交换机的信息，如图 6-4 所示。

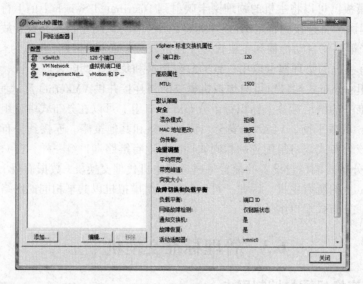

图 6-4 "vSwitch0 属性"对话框

vSwitch 的默认逻辑端口数量为 120 个，可为 vSwitch 创建多达 4 088 个端口。

（3）在图 6-4 中，选择"网络适配器"选项卡，显示了当前虚拟机所绑定的主机物理网卡，从图中可以看到，当前虚拟机只绑定了一块物理网卡。单击"添加"按钮，准备添加物理网卡，如图 6-5 所示。

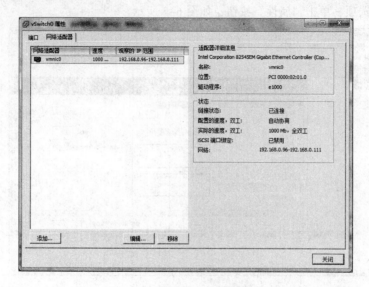

图 6-5 "网络适配器"选项卡

（4）在"选择适配器"对话框中，列出了可以使用的网卡，其中 vmnic1 就是主机第 2 块网卡，选中这块网卡，单击"下一步"按钮，如图 6-6 所示。

（5）在"故障切换顺序"对话框中，指出新的网络适配器将承载虚拟机交换机及其端口的流量与故障切换。单击"下一步"按钮，如图 6-7 所示。

图 6-6　"选择适配器"对话框

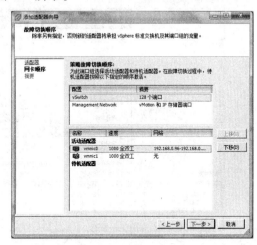

图 6-7　"故障切换顺序"对话框

（6）在"适配器摘要"对话框中，单击"完成"按钮，如图 6-8 所示。

（7）返回"vSwitch0 属性"对话框中，"网络适配器"选项卡中已经添加了第 2 块网卡，如图 6-9 所示，单击"关闭"按钮返回 VMware ESXi 控制台。

图 6-8　"适配器摘要"对话框

图 6-9　"网络适配器"选项卡

（8）在 VMware ESXi 主界面，可以看到为名为 VM Network 的虚拟机新增加的控制网卡 vmnic，如图 6-10 所示。

6.3.2　添加 vSphere 标准交换机

在 VMware ESXi 中添加 vSphere 虚拟交换机，步骤如下：

（1）使用 vSphere Client 登录到 VMware ESXi 主控制台，选择"配置"→"网络"选项，

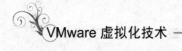

单击"添加网络"按钮，如图 6-11 所示。

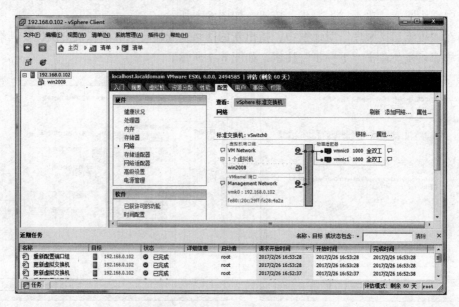

图 6-10　已新增控制网卡的主控制台

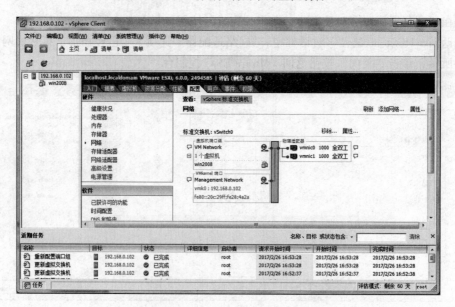

图 6-11　VMware ESXi 主控制台

（2）在"连接类型"对话框中，选中"虚拟机"单选按钮，然后单击"下一步"按钮，如图 6-12 所示。

（3）在"虚拟机-网络访问"对话框中，选择"创建 vSphere 标准交换机"，然后单击"下一步"按钮，如图 6-13 所示。

（4）在"虚拟机-连接设置"对话框中，在"端口组属性"组中，在"网络标签"文本框中，使用默认的网络名称，然后单击"下一步"按钮，如图 6-14 所示。

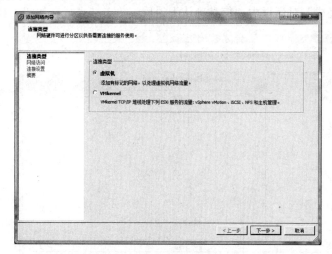

图 6-12 "连接类型"对话框

图 6-13 "虚拟机-网络访问"对话框

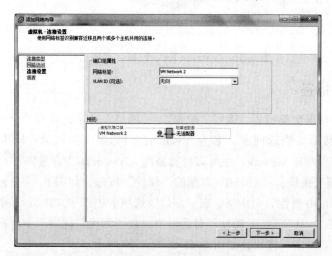

图 6-14 "虚拟机-连接设置"对话框

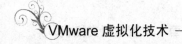

（5）在"即将完成"对话框中，信息确认无误后，单击"完成"按钮，如图 6-15 所示。

图 6-15　"即将完成"对话框

（6）在 VMware ESXi 控制台界面，可看到新增加的名为 vSwitch1 的虚拟标准交换机，如图 6-16 所示。如果要为该虚拟标准交互机添加网卡，可以按照 6.3.1 的步骤进行添加。

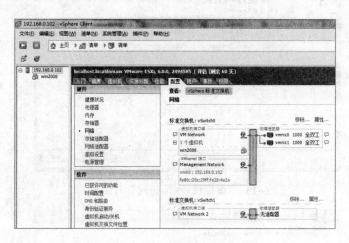

图 6-16　VMware ESXi 控制台界面

6.3.3　修改网络标签

在添加 vSphere 标准交换机后，返回"配置"–"网络"选项，看到两个标准交换机，第一个标准交换机连接两块物理网卡，名为 vSwitch1 的标准交换机没有网卡。标准交换机 vSwitch0 的网络标签是 VM Network，也可以将其修改为 vSwitch0，方法如下：

（1）单击"标准交换机：vSwitch0"右侧的"属性"按钮，如图 6-17 所示。

（2）打开"vSwitch0 属性"对话框，在"端口"选项卡中选中 VM Network 网络标签，单击"编辑"按钮，在"VM Network 属性"对话框中，在"常规"选项卡中将网络标签修改为 vSwitch0，然后单击"确定"按钮，如图 6-18 和图 6-19 所示。

（3）在"网络适配器"选项卡中可以看到网络标签已经修改成功，单击"关闭"按钮，返回到控制台配置界面，如图 6-20 所示。

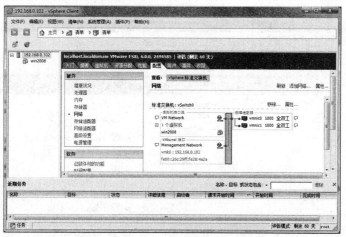

图 6-17　VMware ESXi 控制台配置界面

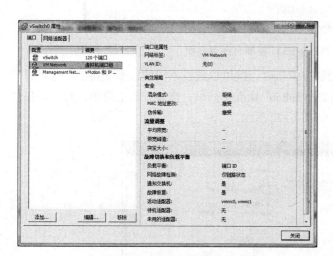

图 6-18　"vSwitch0 属性"对话框

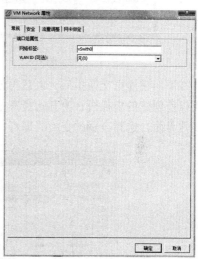

图 6-19　"常规"选项卡

图 6-20　网络标签修改成功

（4）在 vSphere Client 控制台，可以看到修改后的 vSphere 标准交换机，如图 6-21 所示。

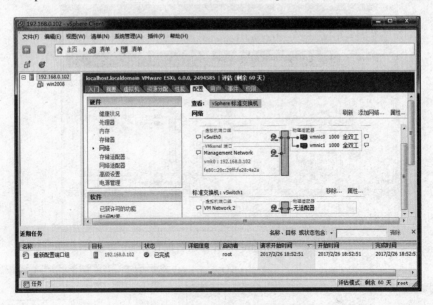

图 6-21　VMware ESXi 控制台配置界面

在添加完虚拟交换机后，以后再创建虚拟机时，既可以选择不同的标准交换机。也可以修改以前创建的虚拟机，为其选择其他的 vSphere 标准交换机，修改方法很简单，打开虚拟机属性界面，选择合适的交换机即可，如图 6-22 所示。

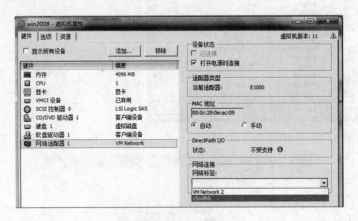

图 6-22　虚拟机属性界面

说明：在虚拟机中，选择了具有多个"物理网卡"的"虚拟交换机"时，只要该虚拟交换机中的一块网卡连接到物理网络，虚拟机的网络就不会中断，这为网络提供了容错功能。另外，当虚拟网络"流量"比较大时，会由"虚拟交换机"均衡地分配到多个物理网卡中。

6.3.4　删除虚拟交换机

对于不再使用或者不需要的虚拟交换机，可以在"配置"—"网络"中删除，如图 6-23 所示。

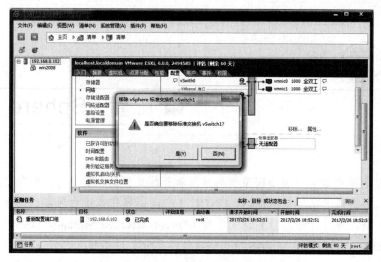

图 6-23　删除虚拟标准交换机界面

小　　结

　　物理网络是为了使物理机之间能够收发数据而在物理机间建立的网络。VMware ESXi 运行于物理机之上。虚拟网络是运行于单台物理机之上的虚拟机之间为了互相发送和接收数据而相互逻辑连接所形成的网络。本章主要讲述了 vSphere 虚拟标准交换机的概念，体系架构；vSphere 虚拟分布式交换机的概念，功能及其体系架构。重点描述了如何为标准交换机添加控制网卡、如何添加 vSphere 标准交换机以及如何修改网络标签和删除虚拟交换机。

习　　题

1. 简述标准交换机与虚拟交换机之间的差异。
2. 名词解释：上行链路端口组，分布式端口组。
3. vSphere 虚拟交换机具有哪些功能？
4. 为 ESXi 主机添加一个名为 wan 的虚拟机。
5. 分布式交换机与标准交换机的英文缩写是什么？

第7章

➡ 配置 vSphere 存储

存储根据服务器类型可分为封闭系统的存储和开放系统的存储。封闭式存储主要指大型机；开放系统主要指基于包括 Windows、UNIX、Linux 等操作系统的服务器，分为内置存储和外挂存储，其中，外挂存储包括直连式存储（Direct-Attached Storage，DAS）和网络存储（Fabric-Attached Storage，FAS）。FAS 根据传输协议又分为网络接入存储（Network Attached Storage，NAS）和存储区域网络（Storage Area Network，SAN）。具体的存储分类如图 7-1 所示。

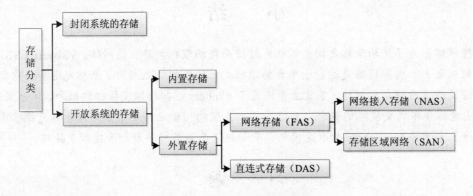

图 7-1　常见存储类型分类

7.1　存储设备介绍

7.1.1　直连式存储

DAS 是指将存储设备通过 SCSI 接口直接连接到一台服务器上使用，如图 7-2 所示。

DAS 购置成本低，配置简单，使用过程和使用本机硬盘并无太大差别，对于服务器的要求仅仅是一个外接的 SCSI 口，因此对于小型企业很有吸引力。

DAS 的不足之处：

（1）服务器本身容易成为系统瓶颈，专属连接，空间资源无法与其他服务器共享。

直连式存储与服务器主机之间的连接通道通常采用 SCSI 连接，带宽为 10Mbit/s、20Mbit/s、40Mbit/s、80Mbit/s 等，随着服务器 CPU 的处理能力越来越强，存储硬盘空间越来越大，阵列的硬盘数量越来越多，SCSI 通道将会成为 I/O 瓶颈；服务器主机 SCSI ID 资源有限，能够建立的 SCSI 通道连接有限。

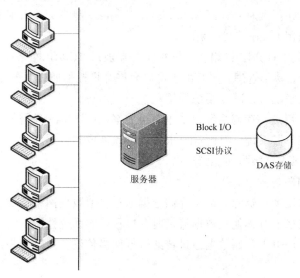

图 7-2　DAS 连接示意图

（2）服务器发生故障，数据不可访问。

（3）对于存在多个服务器的系统来说，设备分散，不便管理。同时多台服务器使用 DAS 时，存储空间不能在服务器之间动态分配，可能造成相当的资源浪费，致使总拥有成本提高。

（4）数据备份操作复杂。

备份到与服务器直连的磁带设备上，硬件失败将导致更高的恢复成本。

7.1.2　网络接入存储

NAS 基于标准网络协议实现数据传输，为网络中的 Windows/Linux/Mac OS 等各种不同操作系统的计算机提供文件共享和数据备份，如图 7-3 所示。

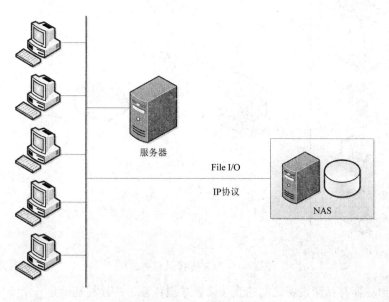

图 7-3　NAS 连接示意图

NAS 文件系统一般包括两种：NFS(Network File System, 网络文件系统)和 CIFS(Common Internet File System, 通用 Internet 文件系统)。

NAS 设备直接连接到 TCP/IP 网络上，网络服务器通过 TCP/IP 网络存取管理数据。NAS 作为一种瘦服务器系统，易于管理。同时由于可以允许客户机不通过服务器直接在 NAS 中存取数据，因此对服务器来说可以减少系统开销。

NAS 为异构平台使用统一存储系统提供了解决方案。由于 NAS 只需要在一个基本的磁盘阵列柜外增加一套瘦服务器系统，对硬件要求很低，软件成本也不高，甚至可以使用免费的 Linux 解决方案，成本只比直接附加存储略高。

NAS 存在的主要问题是：

（1）一些应用会占用带宽资源。由于存储数据通过普通数据网络传输，因此易受网络上其他流量的影响。当网络上有其他大数据流量时会严重影响系统性能。

（2）存在安全问题。由于存储数据通过普通数据网络传输，因此容易产生数据泄露等安全题。

（3）不适应某些数据库的应用。存储只能以文件方式访问，而不能像普通文件系统一样直接访问物理数据块，因此会在某些情况下严重影响系统效率，如大型数据库就不能使用 NAS。

（4）扩展性有限。

7.1.3　存储区域网络

SAN 是一种专门为存储建立的独立于 TCP/IP 网络之外的专用网络，由多供应商存储系统、存储管理软件、应用程序服务器和网络硬件组成，如图 7-4 所示。

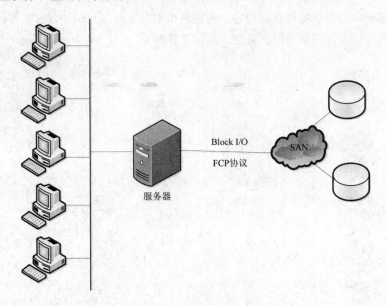

图 7-4　SAN 连接示意图

SAN 支持服务器与存储设备之间的直接高速数据传输，并且其基础是一个专用网络，因此具有非常好的扩展性。同时，SAN 支持服务器群集技术，性能比较高。通过 SAN 接口的磁带机，SAN 系统可以方便高效地实现数据的集中备份。

SAN 作为一种新兴的存储方式，是未来存储技术的发展方向，但是，它也存在一些缺点：

（1）成本较高。不论是 SAN 阵列柜还是 SAN 必须的光纤通道交换机价格都是十分昂贵的，就连服务器上使用的光通道卡的价格也是不容易被小型商业企业所接受的。

（2）SAN 孤岛。需要单独建立光纤网络，异地扩展比较困难。

（3）技术较为复杂。需要专业的技术人员维护。

7.1.4　小型计算机系统接口

iSCSI（Internet Small Computer System Interface，互联网小型计算机系统接口）是一种基于 TCP/IP 的协议，用来建立和管理 IP 存储设备、主机和客户机等之间的相互连接，并创建存储区域网络（SAN）。SAN 使得 SCSI 协议应用于高速数据传输网络成为可能。使用专门的存储区域网成本很高，而利用普通的数据网来传输 iSCSI 数据实现和 SAN 相似的功能可以大大降低成本，同时提高系统的灵活性。

iSCSI 主要包含 iSCSI 地址和命名规则、iSCSI 会话管理、iSCSI 差错处理和安全性 4 部分。

ISCSI 目前存在的主要问题是：

（1）新兴的技术，提供完整解决方案的厂商较少，对管理者技术要求高。

（2）通过普通网卡存取 iSCSI 数据时，解码成 SCSI 需要 CPU 进行运算，增加了系统性能开销；如果采用专门的 iSCSI 网卡，虽然可以减少系统性能开销，但会大大增加成本。

（3）使用数据网络进行存取，存取速度冗余受网络运行状况的影响。

7.2　vSphere 存储介绍

VMware vSphere 存储虚拟化是 vSphere 功能与各种 API 的结合，提供一个抽象层供在虚拟化部署过程中处理、管理和优化物理存储资源之用。

（1）存储虚拟化技术可从根本上更有效地管理虚拟基础架构的存储资源的方法。

（2）大幅提高存储资源利用率和灵活性。

（3）无论采用何种存储拓扑，均可简化操作系统修补过程并减少驱动程序要求。

微课：数据仓库—
ESXi vStorage

（4）增加应用的正常运行时间并简化日常操作。

（5）充分利用并完善现有的存储基础架构。

7.2.1　vSphere 存储体系结构

ESXi 提供主机级别的存储器虚拟化，即采用逻辑方式从虚拟机中抽象物理存储器层。

ESXi 虚拟机使用虚拟磁盘来存储其操作系统、程序文件，以及与其活动相关联的其他数据。虚拟磁盘是一个较大的物理文件或一组文件，可以像处理任何其他文件那样复制、移动、归档和备份虚拟磁盘。可以配置具有多个虚拟磁盘的虚拟机。

要访问虚拟磁盘，虚拟机需使用虚拟 SCSI 控制器。这些虚拟控制器包括 BusLogic Parallel、LSI Logic Parallel、LSI Logic SAS 和 VMware Paravirtual。虚拟机只能查看和访问以上类型的

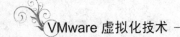

SCSI 控制器。

驻留在 vSphere 虚拟机文件系统（VMFS）数据存储或在物理存储上部署的基于 NFS 的数据存储上的每个虚拟磁盘，从虚拟机的角度而言，每个虚拟磁盘看上去都好像是与 SCSI 控制器连接的 SCSI 驱动器。实际的物理存储设备是通过并行 SCSI、iSCSI、网络、光纤通道还是主机上的 FCoE 适配器来访问，这对客户机操作系统以及虚拟机上运行的应用程序而言是透明的。

除虚拟磁盘外，vSphere 还提供称为裸设备映射（RDM）的机制。在虚拟机内部的客户机操作系统需要对存储设备的直接访问权限时，RDM 非常有用。

当虚拟机与存储在数据存储上的虚拟磁盘进行通信时，它会发出 SCSI 命令。由于数据存储可以存在于各种类型的物理存储器上，因此根据 ESXi 主机用来连接存储设备的协议，这些命令会封装成其他形式。

ESXi 支持光纤通道（FC）、Internet SCSI（iSCSI）、以太网上的光纤通道（FcoE）和 NFS 协议。无论主机使用何种类型的存储设备，虚拟磁盘始终会以挂载的 SCSI 设备形式呈现给虚拟机。虚拟磁盘会向虚拟机操作系统隐藏物理存储器层，这样可以在虚拟机内部运行未针对特定存储设备（如 SAN）而认证的操作系统。

图 7-5 描述了使用不同存储器类型的 5 个虚拟机，以说明各个类型之间的区别。

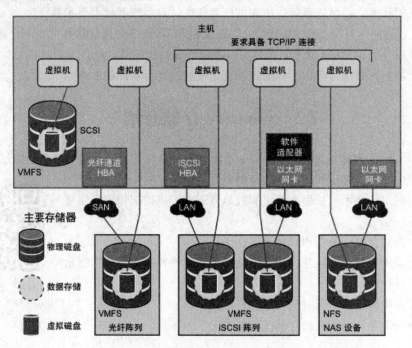

图 7-5 访问不同类型存储器的虚拟机

7.2.2 vSphere 支持的存储文件格式

1. VMFS（VMware 文件系统）

VMFS（VMware Virtual Machine File System）是一种高性能的群集文件系统。它使虚拟化技术的应用超出了单个系统的限制。VMFS 的设计、构建和优化针对虚拟服务器环境，可让多个虚拟机共同访问一个整合的集群式存储池，从而显著提高资源利用率。VMFS 是跨越多个服务器实现虚拟化的基础，可以使用 vMotion、DRS、HA 等高级特性。VMFS 还能显著减少管理开销，它提供了一种高效的虚拟化管理层，特别适合大型企业数据中心。采用 VMFS 可实现资源共享，使管理员轻松地从高效率和存储利用率中直接获益。

2. NFS（网络文件系统）

NFS（Network File System）是 FreeBSD 支持的文件系统中的一种，允许一个系统在网络上与他人共享目录文件。通过使用 NFS，用户和程序可以像访问本地文件一样访问远端系统上的文件。

3. 裸磁盘映射（RDM）

裸磁盘映射（Raw Device Mapping，RDM）是独立 VMFS 卷中的映射文件，它可充当裸物理存储设备的代理运行，包含用于管理和重定向对物理设备进行磁盘访问的元数据。在 ESXi 主机上的虚拟机是以 VMFS 文件方式存于存储器上，由 VMFS 文件系统划出一个名为 VMDK 的文件作为虚拟硬盘。日常对虚拟机硬盘的读写操作都由系统进行转换，因此在时间上存在一定的延时。VMDK 虚拟硬盘在海量数据进行读写时会产生严重的瓶颈。RDM 模式解决了由于使用虚拟硬盘而造成的海量数据读写瓶颈问题。RDM 模式让运行在 ESXi 主机上的虚拟机直接访问和使用存储设备，不再经过虚拟硬盘进行转换，这样就不存在延时问题，读写的效率取决于存储的性能，如图 7-6 所示。

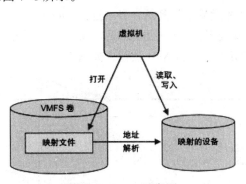

图 7-6　RDM 示意图

RDM 有两种可用兼容模式：虚拟兼容模式允许 RDM 的功能与虚拟磁盘文件完全相同，包括使用快照；对于需要较低级别控制的应用程序，物理兼容模式允许直接访问 SCSI 设备。

7.3　配置 vSphere 存储

在配置 vSphere 存储前，使用 Openfiler 搭建 iSCSI 存储服务器。本节中，首先在虚拟机中安装 Openfiler，然后使用 Openfiler 搭建 iSCSI 存储服务器，最后配置 iSCSI 存储服务器。

7.3.1　部署 Openfiler 外部存储

1. 安装 Openfiler

（1）打开 VMware Workstation，创建虚拟机，并增加 3 块 20 GB 的硬盘，如图 7-7 所示。

操作视频：Openfiler 安装

图 7-7　增加硬盘

（2）使用 Openfiler 安装光盘启动计算机，显示选择 Openfiler 安装模式界面。Openfiler 安装程序有图形和文本两种安装模式，在这里按 Enter 键，选择图形安装模式。

（3）进入 Openfiler 欢迎界面，单击 Next 按钮，如图 7-8 所示。

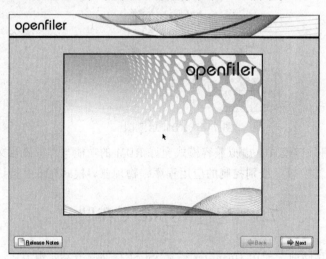

图 7-8　Openfiler 欢迎界面

（4）键盘布局默认选择 U.S.English，单击 Next 按钮继续安装，如图 7-9 所示。

（5）显示 Warning 信息框，单击 Yes 按钮，确认初始化硬盘并删除所有数据。因为主机中有 4 块硬盘，所以总共需要单击 4 次，如图 7-10 所示。

（6）主机中有 4 块硬盘，要将 Openfiler 系统安装到第 1 块硬盘 sda 上，如图 7-11 所示。

选择 Remove all partitions on selected drives and create default layout 分区方式，删除所有硬盘分区并创建默认分区。

在 Select the drive(s) to use for this installation 列表中，只选择第 1 块硬盘 sda，将 Openfiler 系统安装到这里。

在 What driver would you like to boot this installation from 列表中，选择第 1 块硬盘 sda，将引导程序安装到这里。

选择 Review and modify partitioning layout 复选框，查看和编辑默认分区。

选择完成后，单击 Next 按钮继续。

（7）显示 Warning 对话框，单击 Yes 按钮，确认删除第 1 块硬盘 sda 的所有分区和数据，如图 7-12 所示。

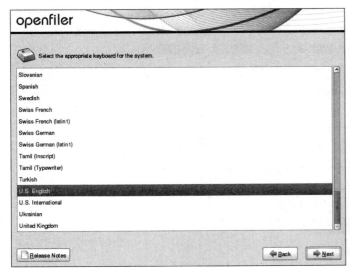

图 7-9　键盘布局对话框

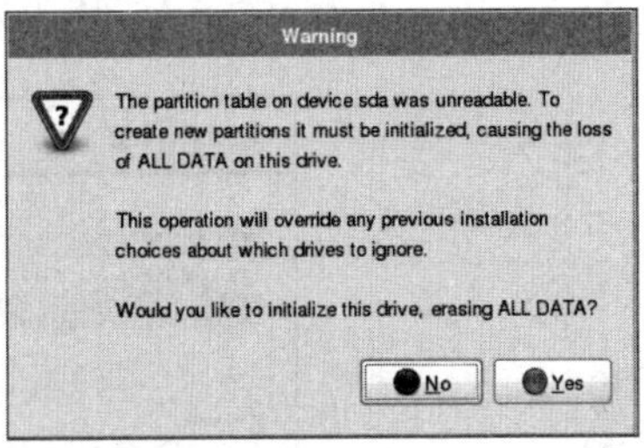

图 7-10　警告对话框

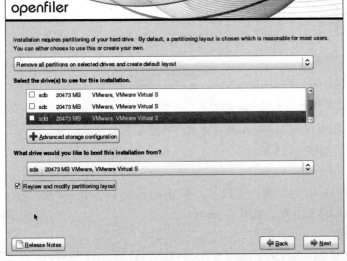

图 7-11　Openfiler 系统安装硬盘选择对话框

图 7-12　警告对话框

（8）安装程序为第 1 块硬盘/dev/sda 自动创建默认分区，分别有/boot、/、swap 三个分区，其它 3 块硬盘的空间均未被分区和使用，全部磁盘空间为 Free。并不需要去修改这里的默认分区状态，单击 Next 按钮继续，如图 7-13 所示。

（9）设置 Openfiler 服务器 IP 地址。在 Network Devices 列表中，选择第 1 块网卡 eth0，并单击 Edit 按钮，打开编辑窗口，如图 7-14 所示。

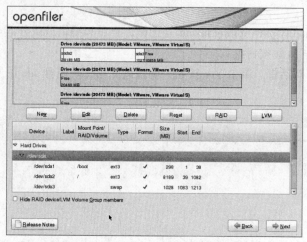

图 7-13　Openfiler 系统安装对话框

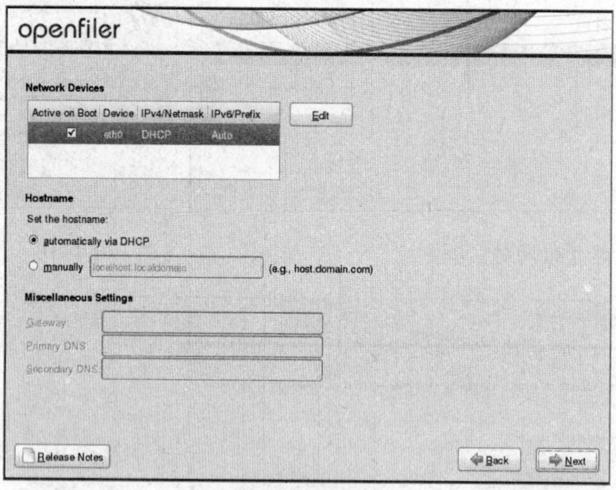

图 7-14　设置 Openfiler 服务器 IP 地址对话框

（10）在网卡编辑对话框中，选择 Manual configuration 方式，并根据实验环境规划，输入 IP Address、Prefix（Netmask）内容，如图 7-15 所示。

输入完成后，单击 OK 按钮返回上层。

（11）在安装程序自动选择的 manually 处，输入主机名；在 Miscellaneous Settings 处，输入 Gateway、Primary DNS、Secondary DNS 内容，如图 7-16 所示。

输入完成后，单击 Next 按钮继续。

（12）在时间区域对话框中，选择 System clock users UTC 复选框，如图 7-17 所示。

在 Selected city 下拉列表中，选择 Asia/Chongqing，或者在上面的世界地图中选择 Chongqing。

操作完成后，单击 Next 按钮继续。

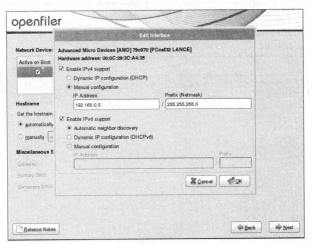

图 7-15 网卡编辑对话框

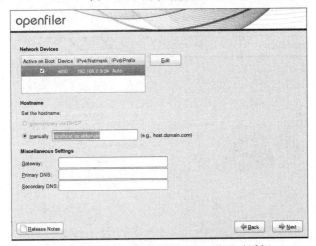

图 7-16 Miscellaneous Settings 设置对话框

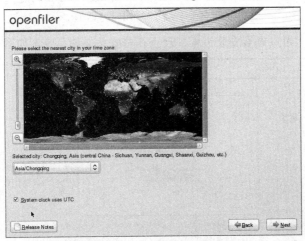

图 7-17 时间区域对话框

（13）在 root 账户密码对话框中，输入 root 账户密码，单击 Next 按钮继续，如图 7-18 所示。

（14）安装程序配置向导已结束，单击 Next 按钮开始安装 Openfiler 系统，如图 7-19 所示。

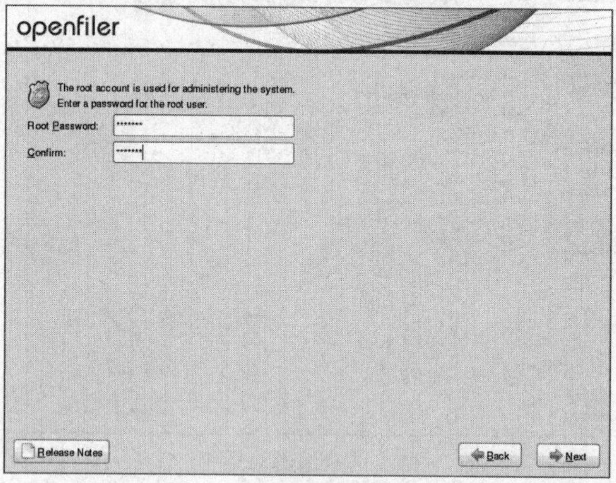

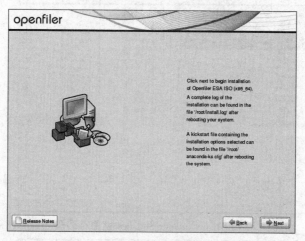

图 7-18　root 密码设置对话框

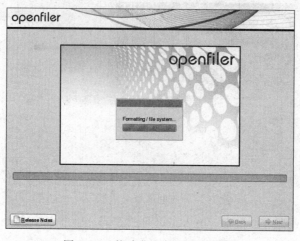

图 7-19　开始安装 Openfiler 对话框

（15）安装过程中，可以查看安装进程，现正在格式化文件系统，如图 7-20 所示。

图 7-20　格式化文件系统对话框

（16）安装已完成，单击 Reboot 按钮，重启计算机，如图 7-21 所示。

（17）计算机重启后，显示 OpenfilerESA 引导菜单，按 Enter 键或等待 5 s 后启动 Openfiler 系统，如图 7-22 所示。

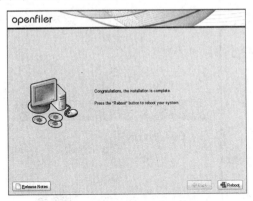

图 7-21　重启 Openfiler 系统对话框

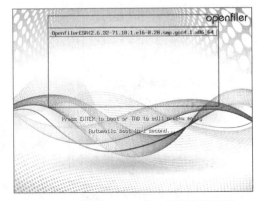

图 7-22　OpenfilerESA 引导菜单界面

（18）启动完成后，显示 Openfiler ESA 文本登录界面。可以通过 IE 浏览器访问 Openfiler 网页管理界面地址，如图 7-23 所示。

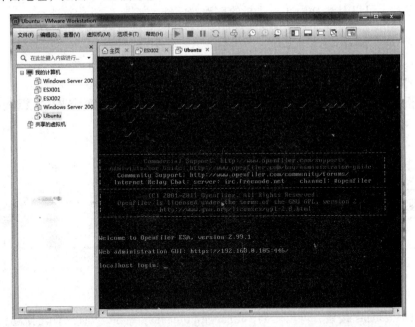

图 7-23　OpenfilerESA 启动成功界面

2. **配置 Openfiler**

（1）使用 Firefox 或 IE 浏览器登录 Openfiler 系统。在地址栏中输入 https://192.168.0.105: 446，如图 7-24 所示。

（2）进入登录界面，默认用户名为 openfiler，初始密码为 password，单击 Log In 按钮，如图 7-25 所示。

操作视频：Openfiler 配置

133

图 7-24　登录 Openfiler 系统界面

图 7-25　Openfiler 登录界面

（3）登录后，可以看到 Openfiler 主机的软硬件信息，如图 7-26 所示。

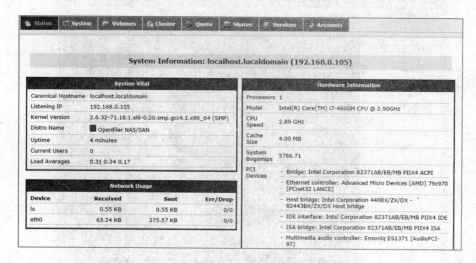

图 7-26　Openfiler 软硬件信息界面

（4）单击 Volumes 按钮，可以看到 volume group management 下面没有任何卷信息，如图 7-27 所示。

（5）单击 Volumes 按钮，单击 Block Devices 按钮查看系统的硬件信息，此时可以看到有 4 块虚拟硬盘，分别为/dev/sda、/dev/sdb、/dev/sdc、/dev/sdd，如图 7-28 所示。

（6）/dev/sda 已经安装 Openfiler 系统，将/dev/sdb，/dev/sdc 组合成一个新的卷组，单击/dev/sdb 打开创建分区的界面，确认 Partition Type（分区类型）为 Physical volume（物理卷），单击 Create 按钮。以同样的方式创建/dev/sdc，如图 7-29 所示。

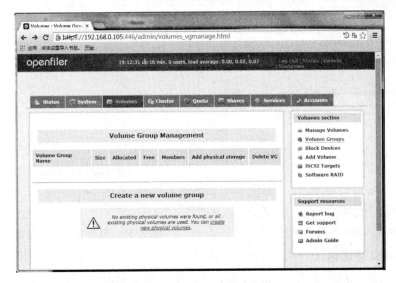

图 7-27　Volumes 界面

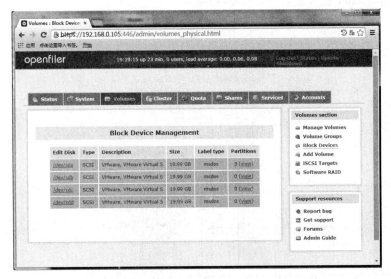

图 7-28　系统硬件信息界面

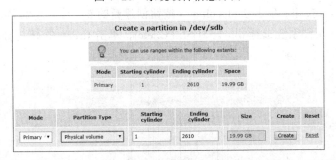

图 7-29　创建新卷界面

（7）单击 Volumes 按钮，此时可以创建卷组。输入卷组的名称 iSCSI-test，勾选需要加入卷组的硬盘，单击 Add volume group 按钮，如图 7-30 所示。

（8）卷组创建完成，如图 7-31 所示，容量为 38.12 GB。

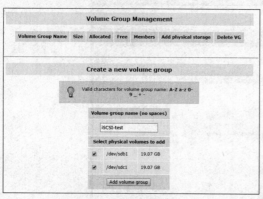

图 7-30　创建卷组界面

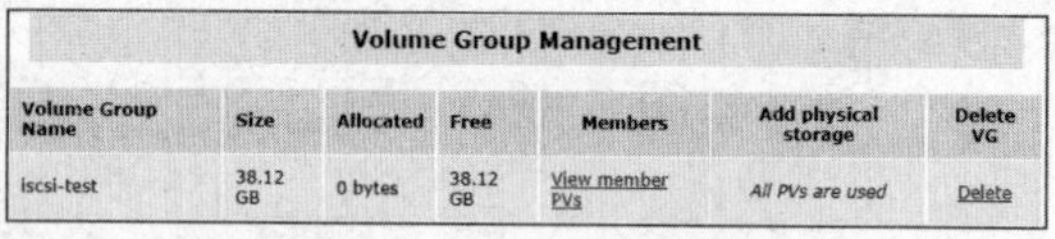

图 7-31　创建卷组成功界面

3. 创建 ISCSI 逻辑卷

（1）单击 Services 按钮，查看 Openfiler 服务运行状态，默认情况下，Openfiler 的 iSCSI Target 是 Disable，单击 Enable 打开服务，如图 7-32 所示。

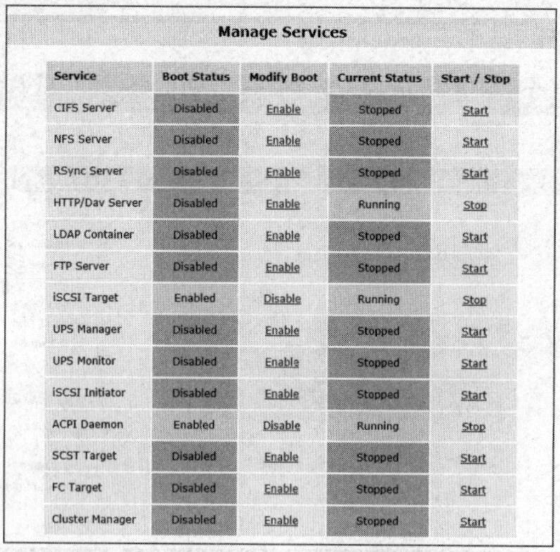

Manage Services				
Service	**Boot Status**	**Modify Boot**	**Current Status**	**Start / Stop**
CIFS Server	Disabled	Enable	Stopped	Start
NFS Server	Disabled	Enable	Stopped	Start
RSync Server	Disabled	Enable	Stopped	Start
HTTP/Dav Server	Disabled	Enable	Running	Stop
LDAP Container	Disabled	Enable	Stopped	Start
FTP Server	Disabled	Enable	Stopped	Start
iSCSI Target	Enabled	Disable	Running	Stop
UPS Manager	Disabled	Enable	Stopped	Start
UPS Monitor	Disabled	Enable	Stopped	Start
iSCSI Initiator	Disabled	Enable	Stopped	Start
ACPI Daemon	Enabled	Disable	Running	Stop
SCST Target	Disabled	Enable	Stopped	Start
FC Target	Disabled	Enable	Stopped	Start
Cluster Manager	Disabled	Enable	Stopped	Start

图 7-32　设置 iSCSI Target 为 Enable 服务

（2）单击 volumes 按钮，单击 Add Volumes 按钮创建新的卷，输入卷的名称为 iSCSI-test，空间大小为 20 GB，文件系统选择 block(iSCSI, FC, etc)，单击 Create 按钮，如图 7-33 所示。

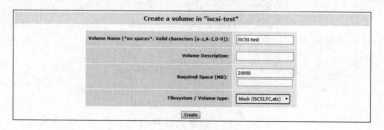

图 7-33　创建新卷界面

（3）新卷创建完成，如图 7-34 所示。

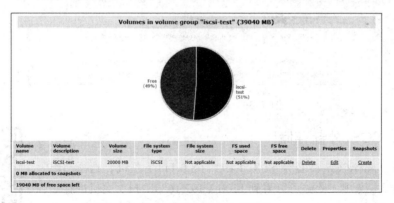

图 7-34　新卷创建成功界面

（4）单击 System 按钮，配置网络访问，允许 192.168.0.0/255.255.255.0 网段访问 Openfiler 存储，单击 Update 按钮，如图 7-35 所示。

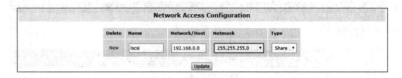

图 7-35　配置网络访问界面

（5）单击 Volumes 按钮，单击 iSCSI Target 按钮进入 iSCSI Target 设置界面，单击 Add 按钮，如图 7-36 所示。

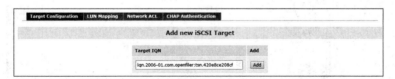

图 7-36　iSCSI Target 设置界面

（6）添加完成后进入 iSCSI 选项配置界面，单击 Update 按钮，如图 7-37 所示。

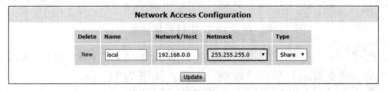

图 7-37　iSCSI 选项配置界面

（7）选择 LUN MAPPING，将创建的卷映射出去，单击 Map 按钮，如图 7-38 所示。

（8）映射完成，如图 7-39 所示。

图 7-38　卷映射界面

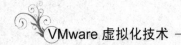

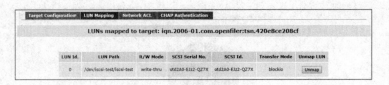

图 7-39　映射完成界面界面

7.3.2　配置 iSCSI 外部存储

（1）使用 vSphere Client 登录 ESXi（192.168.0.111）主机，选择"配置"—"存储器"选项，此时可以看到 ESXi（192.168.0.111）主机的存储设备，如图 7-40 所示。

操作视频：配置 ISCSI
外部存储

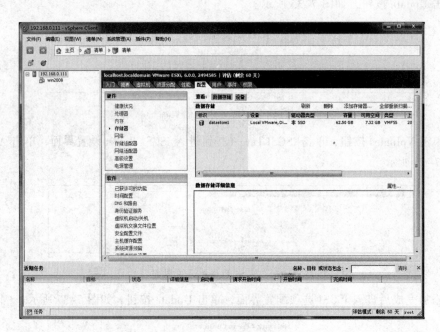

图 7-40　查看 ESXi 主机存储设备界面

（2）选择"配置"—"存储适配器"选项，查看 ESXi（192.168.0.111）主机的存储适配器，选择其中的某一适配器后，单击"添加"按钮，如图 7-41 所示。

（3）弹出"添加存储适配器"对话框，选择"添加软件 iSCSI 适配器"单选按钮，单击"确定"按钮，如图 7-42 所示。

（4）在弹出的"软件 iSCSI 适配器"对话框中，系统提示"将向'存储适配器'列表中添加新的软件 iSCSI 适配器。添加后，在列表中选择此软件 iSCSI 适配器，然后单击'属性'以完成配置"，单击"确定"按钮，如图 7-43 所示。

（5）系统将添加软件 iSCSI 适配器，选择"配置"—"存储适配器"选项，查看 ESXI 主机的存储适配器，可以看到软件 iSCSI 适配器已经添加进 ESXI 主机，如图 7-44 所示。

图 7-41　查看 ESXi 主机的存储适配器界面

图 7-42　"添加存储适配器"对话框

图 7-43　软件 iSCSI 适配器提示对话框

图 7-44　查看已添加的软件 iSCSI 适配器界面

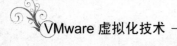

VMware 虚拟化技术

（6）选择 iSCSI Software Adapter，单击"属性"按钮，弹出"iSCSI 启动器属性"对话框，配置 iSCSI，如图 7-45 所示。

（7）选择"动态发现"选项卡，添加 iSCSI 存储，单击"添加"按钮，如图 7-46 所示。

图 7-45　"iSCSI 启动器属性"对话框

图 7-46　"动态发现"选项卡

（8）输入 iSCSI Server 的 IP 地址 192.168.0.105，端口默认为 3260，单击"确定"按钮，如图 7-47 所示。

（9）在图 7-48 中，iSCSI Server 已经添加成功，单击"关闭"按钮。

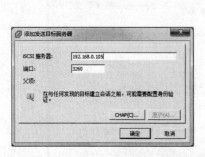

图 7-47　"添加发送目标服务器"对话框

图 7-48　iSCSI Server 添加完成对话框

（10）由于新添加了 iSCSI Server，系统会提示扫描适配器信息，单击"是"按钮继续，如图 7-49 所示。

图 7-49　"重新扫描"对话框

（11）添加成功，选择"配置"—"存储适配器"选项，可以看到新添加的存储设备信息，如图 7-50 所示。

图 7-50　新添加的存储设备信息界面

（12）单击"路径"按钮，可以看到 iSCSI 存储路径，目前 iSCSI 存储只有一条路径，如图 7-51 所示。

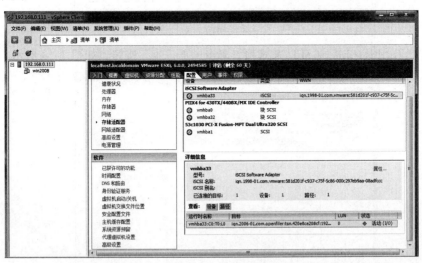

图 7-51　iSCSI 存储路径界面

（13）选择"配置"—"存储器"选项，此时配置好的 iSCSI 存储还没有出现在存储器中，单击"添加存储器"按钮，进行添加，如图 7-52 所示。

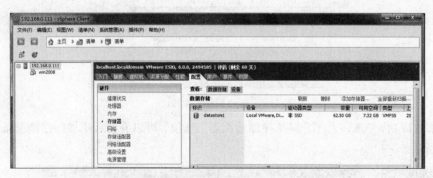

图 7-52　添加存储器界面

（14）进入"添加存储器"对话框，在"存储器类型"中选择"磁盘/LUN"，单击"下一步"按钮，如图 7-53 所示。

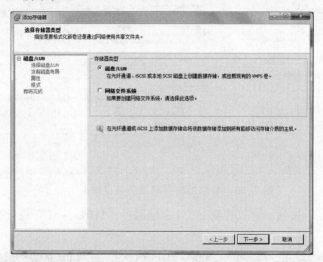

图 7-53　"添加存储器类型"对话框

（15）选择 OPENFILER iSCSI Disk 选项，单击"下一步"按钮，如图 7-54 所示。

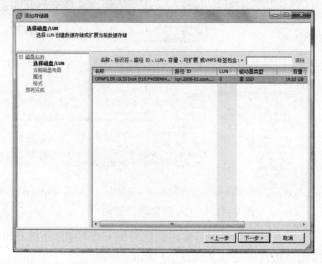

图 7-54　选择 OPENFILER iSCSI Disk 选项

（16）选择文件系统版本 VMFS-5，单击"下一步"按钮，如图 7-55 所示。

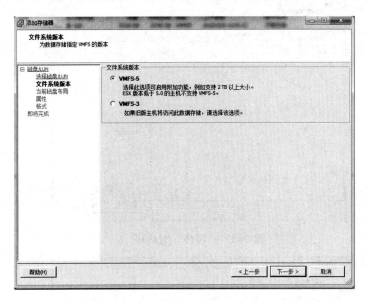

图 7-55　"文件系统版本"对话框

（17）显示准备添加的 iSCSI 卷相关信息，单击"下一步"按钮，如图 7-56 所示。

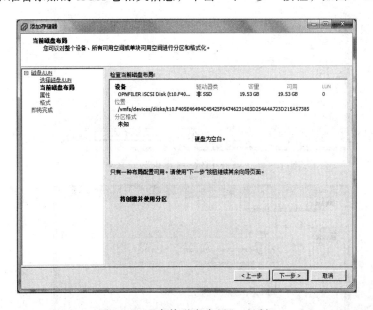

图 7-56　"当前磁盘布局"对话框

（18）对添加的存储进行命名，输入 iSCSI-test，单击"下一步"按钮，如图 7-57 所示。

（19）定义存储空间大小，此处使用所有空间，单击"下一步"按钮，如图 7-58 所示。

（20）完成准备操作，单击"完成"按钮，如图 7-59 所示。

（21）选择"配置"—"存储器"选项，查看 EXSI 主机的存储，此时可以看到新增加了 iSCSI-test 存储，如图 7-60 所示。

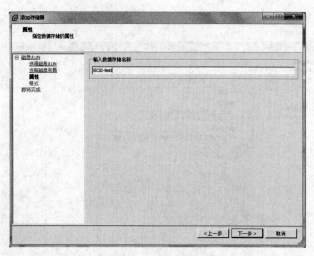

图 7-57 "属性"对话框

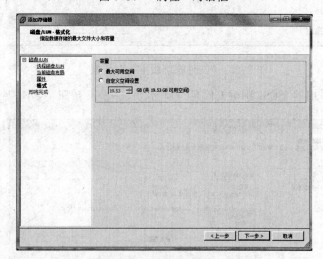

图 7-58 "磁盘/LUN-格式化"对话框

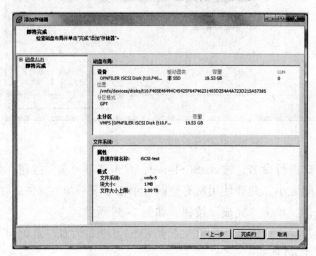

图 7-59 "即将完成"对话框

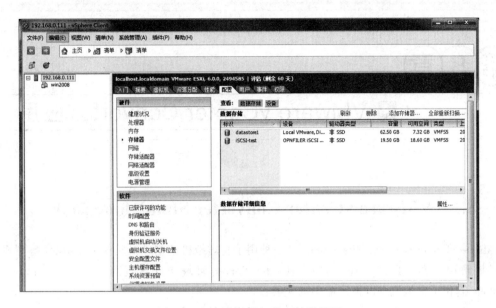

图 7-60 查看新添加的存储器界面

小　结

VMware vSphere 存储虚拟化是 vSphere 功能与各种 API 的结合, 提供一个抽象层供在虚拟化部署过程中处理、管理和优化物理存储资源之用。在本章中, 首先介绍了直连式存储、网络接入存储、存储区域网络和小型计算机系统接口的定义以及优缺点; 然后描述了 vSphere 存储的体系结构和 vSphere 支持的存储文件格式; 最后详细地讲述了如何使用 Openfiler 部署外部存储以及如何配置 iSCSI 存储。

习　题

1. 存储根据服务器类型可分为_____和_____。

2. 开放系统主要指基于包括 Windows、UNIX、Linux 等操作系统的服务器, 分为_____和_____。

3. 网络存储根据传输协议又分为_____和_____。

4. 简述直连式存储的优缺点。

5. 简述网络接入存储的优缺点。

6. 简述存储区域网络的优缺点。

7. 简述小型计算机系统接口的优缺点。

8. vSphere 存储的主要功能有哪些?

9. ESXi 支持_____、_____、_____和_____。

10. vSphere 支持的存储文件格式有哪几种类型?

11. 使用 Openfiler 创建外部存储, 配置 iSCSI 外部存储。

第8章

→ VMware vCenter Converter 应用

8.1 VMware vCenter Converter Standalone 简介

VMware vCenter Converter Standalone 是一种用于将虚拟机和物理机转换为 VMware 虚拟机的可扩展解决方案。此外，还可以在 vCenter Server 环境中配置现有虚拟机。Converter Standalone 简化了虚拟机在以下产品中的交换：

（1）VMware 托管产品既可以是转换源，也可以是转换目标。

（2）VMware Workstation。

（3）VMware Fusion™ n VMware Servern。

（4）VMware Player。

（5）运行在 vCenter Server 管理的 ESX 实例上的虚拟机既可以是转换源，也可以是转换目标。

（6）运行在非受管 ESX 主机上的虚拟机既可以是转换源，也可以是转换目标。

8.1.1 Converter Standalone 迁移

使用 Converter Standalone 进行迁移涉及转换物理机、虚拟机和系统映像以供 VMware 托管和受管产品使用。可以转换 vCenter Server 管理的虚拟机以供其他 VMware 产品使用。可以使用 Converter Standalone 执行若干转换任务：

（1）将正在运行的远程物理机和虚拟机作为虚拟机导入到 vCenter Server 管理的独立 ESX/ESXi 或 ESX/ESXi 主机。

（2）将由 VMware Workstation 或 Microsoft Hyper-V Server 托管的虚拟机导入到 vCenter Server 管理的 ESX/ESXi 主机。

（3）将第三方备份或磁盘映像导入到 vCenter Server 管理的 ESX/ESXi 主机中。

（4）将由 vCenter Server 主机管理的虚拟机导出到其他 VMware 虚拟机格式。

（5）配置 vCenter Server 管理的虚拟机，使其可以引导，并可安装 VMware Tools 或自定义其客户机操作系统。自定义 vCenter Server 清单中的虚拟机的客户机操作系统（如更改主机名或网络设置）。缩短设置新虚拟机环境所需的时间。

（6）将旧版服务器迁移到新硬件，而不重新安装操作系统或应用程序软件。

（7）跨异构硬件执行迁移。

（8）重新调整卷大小，并将各卷放在不同的虚拟磁盘上。

8.1.2　Converter Standalone 组件

Converter Standalone 应用程序由 Converter Standalone 服务器、Converter Standalone Worker、Converter Standalone 客户端和 Converter Standalone 代理组成。表 8-1 给出了每个组件的作用。

表 8-1　Converter Standalone 组件的作用

组　件	作　用
Converter Standalone 服务器	启用并执行虚拟机的导入和导出。vCenter Converter Server 包括 vCenter Converter Server 和 vCenter Converter Worker 两个服务。vCenter Converter Server 服务必须与 vCenter Converter Worker 服务一起安装在 vCenter Server 计算机上，或安装在可以访问 vCenter Server 计算机的独立计算机上
Converter Standalone 代理	Converter Standalone 服务器会在 Windows 物理机上安装代理，从而将这些物理机作为虚拟机导入。可选择在导入完成后从物理机中自动或手动移除 vCenter Converter 代理
Converter Standalone 客户端	vCenter Converter Server 使用 vCenter Converter Client。客户端组件包含 vCenter Converter Client 插件，它提供通过 vSphere Client 访问 vCenter Converter 的导入、导出和重新配置向导的权限
VMware vCenter Converter 引导 CD	VMware vCenter Converter 引导 CD 是一个单独组件，可用于在物理机上执行冷克隆。vCenter Converter 4.2 未提供引导 CD，但可以使用以前版本的引导 CD 执行冷克隆

8.1.3　物理机的克隆和系统配置

转换物理机时，Converter Standalone 会使用克隆和系统重新配置步骤创建和配置目标虚拟机，以便目标虚拟机能够在 vCenter Server 环境中正常工作。由于该迁移过程对源而言为无损操作，因此，转换完成后可继续使用原始源计算机。

克隆是为目标虚拟机复制源物理磁盘或卷的过程。克隆涉及复制源计算机硬盘上的数据，并将该数据传输至目标虚拟磁盘。目标虚拟磁盘可能有不同的几何形状、大小、文件布局及其他特性，因此，目标虚拟磁盘可能不是源磁盘的精确副本。

系统重新配置可调整迁移的操作系统，以使其能够在虚拟硬件上正常运行。

如果计划在源物理机所在的同一网络上运行导入的虚拟机，则必须修改其中一台计算机的网络名称和 IP 地址，使物理机和虚拟机能够共存。此外，还必须确保 Windows 源计算机和目标虚拟机具有不同的计算机名称。

注意：不能在物理机之间移动原始设备制造商（OEM）许可证。在从 OEM 购买许可证后，该许可证会附加到服务器，而且不能重新分配。只能将零售和批量许可证重新分配给新物理服务器。如果要迁移 OEM Windows 映像，则必须拥有 Windows Server Enterprise 或 Datacenter Edition 许可证才能运行多个虚拟机。

1. 物理机的热克隆和冷克隆

热克隆也叫实时克隆或联机克隆，用于在源计算机运行其操作系统的过程中转换该源计算机。通过热克隆，可以在不关闭计算机的情况下克隆计算机。

由于在转换期间进程继续在源计算机上运行，因此生成的虚拟机不是源计算机的精确副本。

可以设置 Converter Standalone 使其在热克隆后将目标虚拟机与源计算机同步。同步执行过程是将在初始克隆期间更改的块从源复制到目标。为了避免在目标虚拟机上丢失数据，Converter Standalone 可在同步前关闭某些 Windows 服务。根据设置，Converter Standalone 会关闭所选的 Windows 服务，以便在同步目标期间源计算机上不会发生重要更改。

Converter Standalone 可在转换过程完成后，关闭源计算机并启动目标计算机。与同步结合时，此操作允许将物理机源无缝迁移到虚拟机目标。目标计算机将接管源计算机操作，尽可能缩短停机时间。

注意：热克隆双引导系统时，只能克隆 boot.ini 文件指向的默认操作系统。要克隆非默认的操作系统，请更改 boot.ini 文件以指向另一个操作系统并重新引导。在引导另一个操作系统后，可以对其进行热克隆。如果另一个操作系统是 Linux 系统，则可以使用克隆 Linux 物理机源的标准过程引导和克隆该系统。

冷克隆也称脱机克隆，用于在源计算机没有运行其操作系统时克隆此源计算机。在冷克隆计算机时，通过其上具有操作系统和 vCenter Converter 应用程序的 CD 重新引导源计算机。通过冷克隆，可以创建最一致的源计算机副本，因为在转换期间源计算机上不会发生任何更改。冷克隆在源计算机上不留痕迹，但要求用户可通过物理方式访问正在克隆的源计算机。

在冷克隆 Linux 源时，生成的虚拟机是源计算机的精确副本，且将无法配置目标虚拟机。必须在克隆完成后才能配置目标虚拟机。

2. 运行 Windows 的物理机源的远程热克隆

可以使用转换向导设置转换任务，使用 Converter Standalone 组件执行所有克隆任务。以下工作流程是远程热克隆的示例，在此流程中克隆的物理机不会停机。

（1）Converter Standalone 为转换准备源计算机。Converter Standalone 在源计算机上安装代理，该代理创建源卷的快照，如图 8-1 所示。

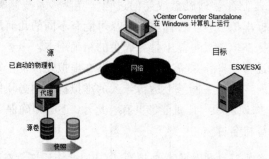

图 8-1　运行 Windows 的物理机源的远程热克隆原理图之一

（2）Converter Standalone 在目标计算机上准备虚拟机。Converter Standalone 在目标计算机上创建了一个虚拟机，然后代理将源计算机中的卷复制到目标计算机中，如图 8-2 所示。

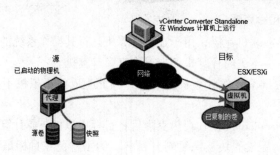

图 8-2　运行 Windows 的物理机源的远程热克隆原理图之二

（3）Converter Standalone 完成转换过程。代理会安装所需的驱动程序来允许操作系统在虚拟机中引导，并且会对虚拟机进行自定义（如更改 IP 信息），如图 8-3 所示。

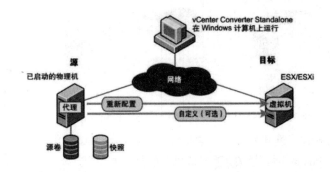

图 8-3　运行 Windows 的物理机源的远程热克隆原理图之三

（4）Converter Standalone 从源计算机卸载该代理（可选）。虚拟机准备在目标服务器上运行。

3. 运行 Linux 的物理机源的远程热克隆

运行 Linux 操作系统的物理机与 Windows 计算机的转换过程不同。

在 Windows 转换中，Converter Standalone 代理将安装到源计算机上，且源信息将被推送到目标。

在 Linux 转换中，在源计算机上不会部署任何代理。相反，在目标 ESX/ESXi 主机上会创建并部署助手虚拟机。之后，源数据会从源 Linux 计算机复制到助手虚拟机。转换完成后，助手虚拟机将关闭，在下次启动后会成为目标虚拟机。

Converter Standalone 仅支持将 Linux 源转换为受管目标。

以下工作流程演示了将运行 Linux 的物理机源热克隆到受管目标的原理。

（1）Converter Standalone 使用 SSH 连接到源计算机并检索源信息。Converter Standalone 将根据转换任务设置，创建一个空的助手虚拟机。助手虚拟机在转换过程中用作新虚拟机的容器。Converter Standalone 在受管目标（ESX/ESXi 主机）上部署助手虚拟机。助手虚拟机从 Converter Standalone 服务器计算机上的*.iso 文件中引导，如图 8-4 所示。

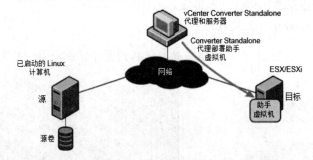

图 8-4　运行 Linux 的物理机源的远程热克隆之一

（2）助手虚拟机启动，从 Linux 映像引导，通过 SSH 连接到源计算机，然后开始从源检索所选数据。设置转换任务时，可以选择要将哪些源卷复制到目标计算机，如图 8-5 所示。

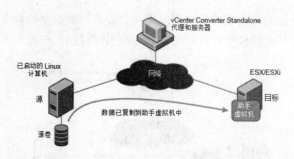

图 8-5　运行 Linux 的物理机源的远程热克隆之二

（3）数据复制完成后，重新配置目标虚拟机以允许操作系统在虚拟机中引导（可选）。

（4）Converter Standalone 将关闭助手虚拟机。转换过程完成。

可以配置 Converter Standalone，使其在转换完成后启动新创建的虚拟机。

8.2　VMware vCenter Converter Standalone 的安装

可在物理机或虚拟机上安装 Converter Standalone。也可修改或修复 Converter Standalone 安装。

本地安装可安装 Converter Standalone 服务器、Converter Standalone 代理和 Converter Standalone 客户端以供在本地使用。

在客户端-服务器安装过程中，可以选择要安装到系统中的 Converter Standalone 组件。

操作视频：vConverter
的安装

安装 Converter Standalone 服务器和远程访问时，本地计算机将成为用于转换的服务器，可以对其进行远程管理。安装 Converter Standalone 服务器和 Converter Standalone 客户端时，可以使用本地计算机访问远程 Converter Standalone 服务器或在本地创建转换任务。

如果仅安装 Converter Standalone 客户端，则可以连接到远程 Converter Standalone 服务器。然后可使用远程计算机转换托管虚拟机、受管虚拟机或远程物理机。

在本节中，主要描述在 Windows 上本地安装 vCenter Converter。

（1）双击 VMware vConverter 安装软件，开始安装，如图 8-6 和图 8-7 所示。

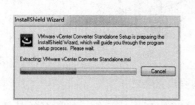

图 8-6　VMware vConverter 安装界面 1

图 8-7　VMware vConverter 安装界面 2

（2）在欢迎使用 VMware vCenter Converter Standalone 对话框中，单击 Next 按钮，如图 8-8 所示。

（3）在最终用户专利协议对话框中，单击 Next 按钮，如图 8-9 所示。

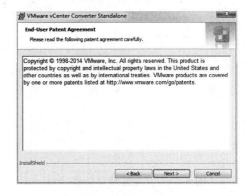

图 8-8　欢迎使用 VMware Converter Standalone 对话框　　图 8-9　最终用户专利协议对话框

（4）在最终用户许可协议对话框中，选择"我同意许可协议中的条款"单选按钮，然后单击 Next 按钮，如图 8-10 所示。

（5）在目标文件夹对话框，选择 VMware vCenter Converter 的安装位置，通常选择默认值，如图 8-11 所示。

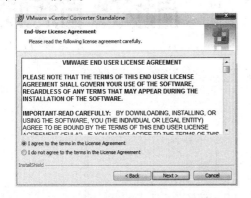

　　图 8-10　最终用户许可协议对话框　　　　　图 8-11　目标文件夹对话框

（6）在安装类型对话框中，选择"本地安装"单选按钮，如图 8-12 所示。

（7）其他选择默认值，直到安装完成，如图 8-13～图 8-15 所示。

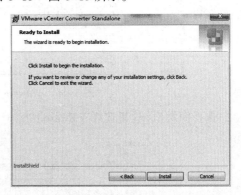

　　图 8-12　安装类型对话框　　　　　　　　图 8-13　准备安装对话框

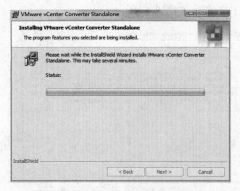

图 8-14　开始安装对话框　　　　　　图 8-15　VMware vConverter 安装完成对话框

8.3　转换物理计算机或虚拟机

将虚拟机迁移到 ESXI 主机中，过程如下：

（1）进入管理界面。双击 VMware vCenter Converter 软件图标，打开软件界面，进入操作界面，如图 8-16 所示。

微课：虚实结合——　　操作视频：vConverter
P2V 迁移　　　　　　　转换

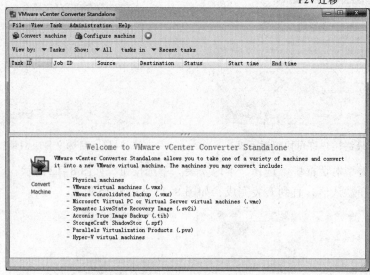

图 8-16　VMware vConverter 主界面

（2）选择源类型，这里选择 VMware Infrastructure virtual machine 虚拟机，如图 8-17 所示。

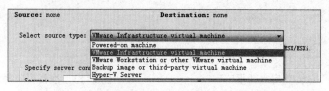

图 8-17　选择源类型

Powered-on machine：将在线的 window 或 Linux 转化迁移到 ESXi；、

VMware Infrastructure virtual machine：VMware vSphere 主机下的虚拟机；

VMware Workstation or other VMware virtual machine：VMware workstation 或其他 VMware 虚拟机；

Backup image or third-party virtual machine：备份文件或者其他第三方的虚拟机；

Hyper-v server：微软 Hyper-v 的虚拟机。

（3）选择 VMware Infrastructure 虚拟机并输入 ESXi 主机的 IP 地址、用户名以及密码，如图 8-18 所示，在出现的安全警告对话框中，单击 Cancel 按钮，如图 8-19 所示。

（4）选择 ESXi 主机中的虚拟机，进行转换，如图 8-20 所示。

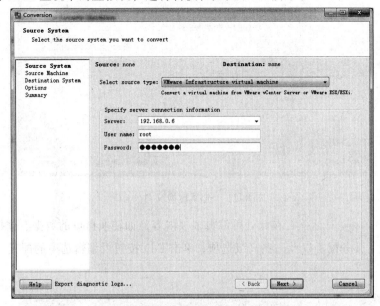

图 8-18　输入服务器、用户名和密码

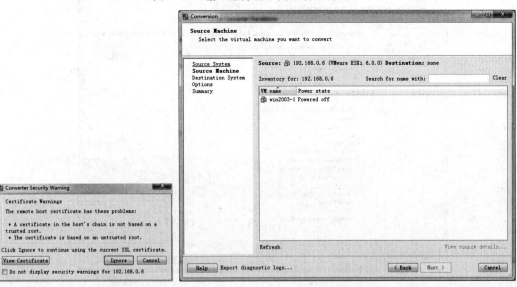

图 8-19　警告提示框　　　　　　　　图 8-20　选择被转换的虚拟机

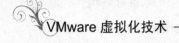

（5）进入目标系统对话框，选择转换文件类型，并输入虚拟机的名称和虚拟机的安装位置，如图 8-21 所示。

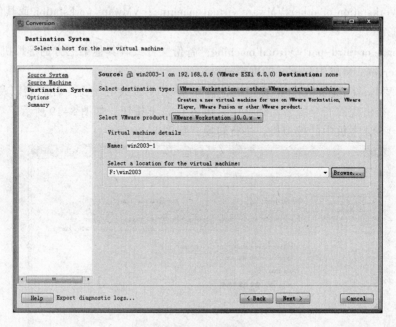

图 8-21　选择转换文件

（6）进入 Options 对话框，在此处可编辑多项内容，如转换拷贝的数据、虚拟机的硬件配置、网络配置、服务配置以及一些高级选项，单击 Edit 按钮可编辑选项的配置，如图 8-22 所示。

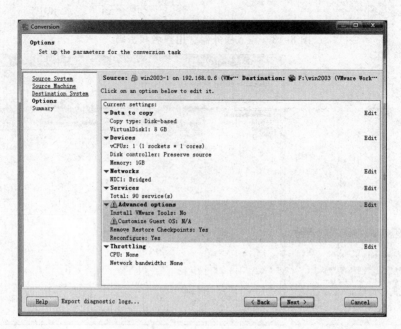

图 8-22　Options 对话框

（7）进入 Summary 对话框，单击"Finish"按钮，如图 8-23 所示。

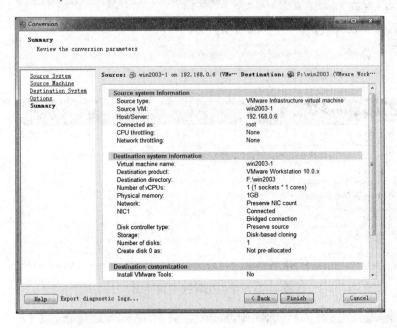

图 8-23　Summary 对话框

（8）开始转换计算机，如图 8-24 所示。

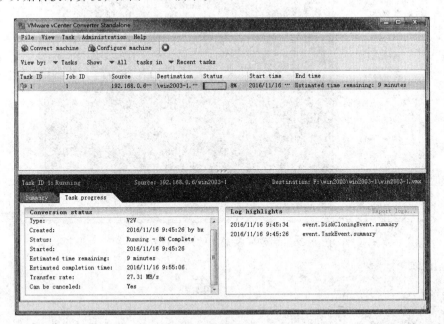

图 8-24　VMware Converter 开始转换界面

（9）虚拟机转换完成，如图 8-25 所示。

（10）启动迁移成功的虚拟机，如图 8-26 所示。

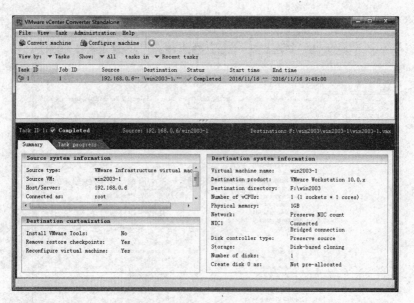

图 8-25　虚拟机转换完成界面

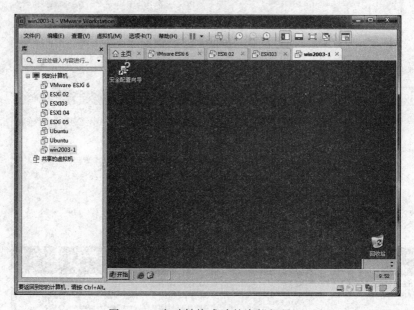

图 8-26　启动转换成功的虚拟机界面

小　结

VMware vCenter Converter Standalone 是一种用于将虚拟机和物理机转换为 VMware 虚拟机的可扩展解决方案。使用 Converter Standalone 可执行若干转换任务。Converter Standalone 应用程序由 Converter Standalone 服务器、Converter Standalone Worker、Converter Standalone 客户端和 Converter Standalone 代理组成。使用 vConverter 转换首先要安装 VMware vCenter Converter Standalone，然后再使用 vConverter 进行转换。

习　题

1. 简述 vConverter 的作用。
2. Converter Standalone 应用程序由＿＿＿＿＿、＿＿＿＿＿、＿＿＿＿＿和 ＿＿＿＿＿组成。
3. 解释热克隆和冷克隆，两者之间有何区别？
4. 安装 vConverter，并进行虚拟机到虚拟机的转换。
5. 简述运行 Windows 的物理机源的远程热克隆原理。
6. vCenter Converter Server 包括＿＿＿＿＿和＿＿＿＿＿两个服务。

第9章

➡ vSphere 虚拟机备份与恢复解决方

VDP（VMware Data Protection）是一种由 EMC 提供技术支持的基于磁盘的备份和恢复解决方案，可靠且易部署。VMware Data Protection 与 VMware vCenter Server 完全集成，使用快速无代理的映像级备份和恢复技术来保护虚拟机，并利用重复数据消除技术，最大限度地降低备份基础架构的需求，同时它还提供了专为 vSphere 管理员设计的简单的管理功能。

9.1 VDP 概 述

VDP 是保护小型 vSphere 环境的理想备份和恢复解决方案，它支持快速、高效的磁盘备份，并且还支持快速、可靠的恢复。

1. VDP 的主要特点

1）高效的备份和恢复

VDP 可以确保在备份时间段内准时完成备份，即使数据呈指数级增长，也能限制基础架构的成本。VDP 采用的重复数据消除和变更数据块跟踪（CBT）技术可以优化并加快备份和恢复的过程。

微课：数据保护神——
VMware 备份

（1）可变长度的重复数据消除。VDP 的存储空间利用效率非常高，独有的 EMC Avamar 技术可以实现业界最高的重复数据消除率，其中文件系统的平均重复数据消除率为 99%，数据库为 96%。可变长度的重复数据消除将文件分解为可变长度的子段，以确定它们是否真正唯一，从而最大限度地减少备份存储需求。

（2）全局重复数据消除。通过对指向相同设备的所有虚拟机执行重复数据消除，VDP 可进一步减少所需的备份存储量。虚拟机通常是通过标准化模板集和客户操作系统映像进行部署的，这种做法会导致大部分数据都是相同的，而 VDP 可以使冗余数据只需存储一次。

（3）变更数据块跟踪备份。通过结合使用 CBT 和可变长度重复数据消除，VDP 只需发送每天针对虚拟设备所做的唯一性更改，从而降低备份对虚拟网络的影响。VDP 可以自动将具有唯一性的数据块合并到以前的备份中，以创建完整备份。

（4）变更数据块跟踪恢复。与大多数其他备份解决方案不同，VDP 在恢复过程中也会使用 CBT。通过跟踪虚拟机当前状态与备份之间的变更数据块增量，VDP 只需恢复必要的数据块，进而可以大幅减少恢复时间。

2）轻松进行配置和管理

在虚拟基础架构中使用的许多传统备份解决方案都是针对物理环境设计的，这种做法会产生不必要的复杂性和开销。而 VDP 通过与 vSphere 进行无缝集成，可以提供针对 vSphere

管理员进行优化和简化的管理功能。

（1）与 vSphere 集成。VDP 与 vCenter Server 完全集成，可直接通过 vSphere Web 客户端进行管理，vSphere 管理员可以从"单一控制台"管理整个虚拟基础架构，包括备份和恢复。

（2）易于部署。VDP 作为虚拟机工具部署，部署十分简单，并且部署后几乎不需要进行额外配置。

（3）易于使用。制订备份计划的过程简便高效，管理员可根据具体的保留期和安排来设定不同的策略。策略将根据不同的业务需求和数据类型应用到不同的虚拟机组。

（4）一步恢复。使用 VDP 基于 Web 的直观用户界面，管理员可执行完整虚拟机或个别文件的简单恢复。VDP 还可以为终端用户提供自助式恢复功能。

2. VDP 的功能

VDP 包含 vSphere Data Protection（VDP）和 vSphere Data Protection Advanced（VDPA）两层。

vSphere Data Protection（VDP）：此功能随所有 vSphere 版本和大多数套件提供，提供无代理映像级备份和恢复，以保护小型 vSphere 环境。

vSphere Data Protection Advanced（VDPA）：单独销售并按 CPU 数量授予许可，提供更出色的可扩展性，并与关键业务应用集成，以保护更大型 vSphere 环境。

表 9-1 对 VDP 和 VDPA 中的可用功能进行了定义。

表 9-1　VDP 和 VDPA 的功能

功　　能	VDP	VDPA
每个 VDP 应用装置支持的虚拟机数	最多 100 个	最多 400 个
最大数据存储区大小	2TB	8 TB
扩展当前数据存储区的能力	否	是
支持映像级备份	是	是
支持 SQL Sever 来宾级备份	否	是
支持 Microsoft Exchange Server 来宾级备份	否	是
支持文件级恢复	是	是

9.2　VDP 的体系架构

VDP 使用 vSphere Web Client 和 vSphere Data Protection 应用装置将备份存储到经过数据消除的存储中。

VDP 由一组在不同计算机上运行的组件构成：

（1）vSphere 5.1。

（2）vSphere Data Protection 应用装置（安装在 ESX/ESXi 4.x 或 5.x 上）。

（3）vSphere Web Client。

VDP 解决方案体系结构如图 9-1 所示。

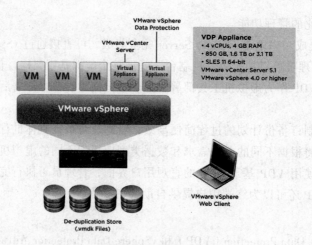

图 9-1　VDP 体系结构

9.3　VDP 的 安 装

1．VDP 安装的软件要求

VDP 5.5 需要以下软件：

（1）VMware vCenter Server：5.1 或更高版本。

注意：VDP 5.1 与 vCenter 5.5 不兼容。

（2）vCenter Server Linux 或 Windows。

注意：不支持在 Windows 操作系统上备份超过 2 TB 的虚拟机。在 Linux 操作系统上则不存在此限制。

（3）vSphere Web Client。必须在 Web 浏览器中启用 Adobe Flash Player 11.3 或更高版本，才能访问 vSphere Web Client 和 VDP 功能。

（4）VMware ESX/ESXi（支持以下版本）：ESX/ESXi 4.0/4.1、ESXi 5.0、ESXi 5.1、ESXi 5.5。

2．VDP 安装包含五个步骤

（1）安装 AD（Active Directory）域。

（2）安装与配置 DNS。

（3）安装 Web Client。

（4）部署 OVF 模板。

（5）安装 VDP。

9.3.1　在 Windows Server 2008 R2 中安装 AD 域

（1）在"运行"对话框中输入 dcpromo 命令，然后单击"确定"按钮，如图 9-2 所示。

（2）在"欢迎使用 AD 域服务安装向导"中，单击"下一步"按钮，如图 9-3 所示。

（3）在"操作系统兼容性"对话框中，单击"下一步"按钮，如图 9-4 所示。

（4）在"选择某一部署配置"对话框中，选择"在新林中新建域"单选按钮，单击"下一步"按钮，如图 9-5 所示。

图 9-2 安装 AD 域操作之一　　　　　　　图 9-3 安装 AD 域操作之二

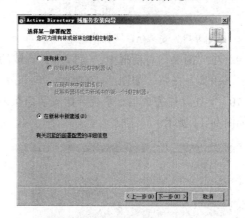

图 9-4 安装 AD 域操作之三　　　　　　　图 9-5 安装 AD 域操作之四

（5）在"命名林根域"对话框中，输入新建目录林根域的名称，单击"下一步"按钮，如图 9-6 所示。

（6）在"其他域控制器选项"对话框中，选择"DNS 服务器"复选框，单击"下一步"按钮，如图 9-7 所示。

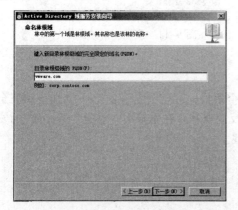

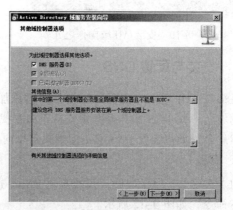

图 9-6 安装 AD 域操作之五　　　　　　　图 9-7 安装 AD 域操作之六

（7）在"数据库、日志文件和 SYSVOL 的位置"对话框中，指定将包含 AD 域控制器数据库、日志文件和 SYSVOL 的文件夹，单击"下一步"按钮，如图 9-8 所示。

（8）在"目录服务还原模式的 Administrator 密码"对话框中，输入密码，单击"下一步"按钮，如图 9-9 所示。

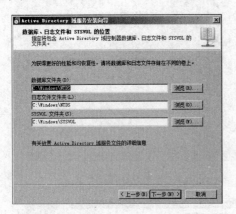

图 9-8　安装 AD 域操作之七　　　　　图 9-9　安装 AD 域操作之八

（9）在"摘要"对话框中，可以看到新域的名称，林功能级别、域功能级别以及站名，单击"下一步"按钮，如图 9-10 所示。

（10）上述操作完成后，系统开始安装组策略管理控制台，在安装完成后需要立即重启系统，如图 9-11 所示。

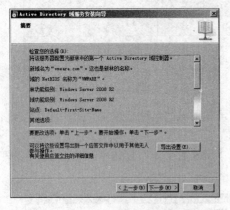

图 9-10　安装 AD 域操作之九　　　　　图 9-11　安装 AD 域操作之十

9.3.2　安装与配置 DNS

在部署 VDP 之前，需要向 DNS 服务器添加一个条目，对应于应用装置的 IP 地址和完全限定的域名。此 DNS 服务器必须支持正向查找和反向查找。在本节中，首先介绍 DNS 的安装，然后介绍如何配置 DNS 的正向查找与反向查找。

1. 安装 DNS

（1）在安装完 AD 域后，开始安装 DNS。选择"开始"→"所有程序"→"管理工具"→DNS 命令，如图 9-12 所示。

（2）在"服务器管理器"窗口中，选择"角色"，单击"添加角色"按钮，如图 9-13 所示。

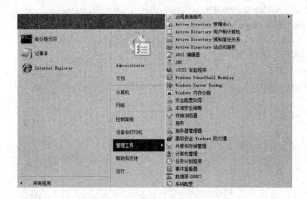

图 9-12　安装 DNS 操作之一

图 9-13　安装 DNS 操作之二

（3）在"开始之前"对话框中，提示需要进行的一些操作，单击"下一步"按钮，如图 9-14 所示。

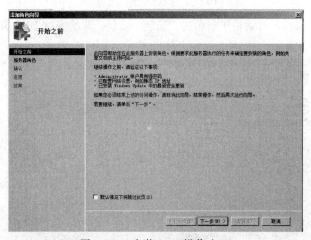

图 9-14　安装 DNS 操作之三

（4）在"选择服务器角色"对话框中，选择"DNS 服务器"，单击"下一步"按钮，如图 9-15 所示。

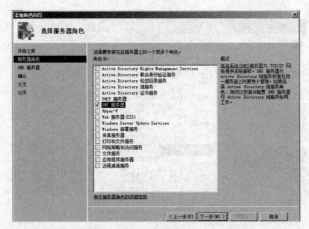

图 9-15　安装 DNS 操作之四

（5）在"DNS 服务器"对话框中，对 DNS 进行了概述，单击"下一步"按钮，如图 9-16
所示。

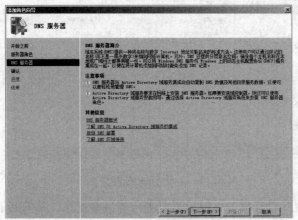

图 9-16　安装 DNS 操作之五

（6）在"确认安装选择"对话框中，单击"安装"按钮，开始安装 DNS 服务器，如图 9-17
所示。

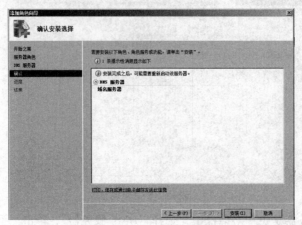

图 9-17　安装 DNS 操作之六

（7）图 9-18 显示了 DNS 服务器的安装进度。

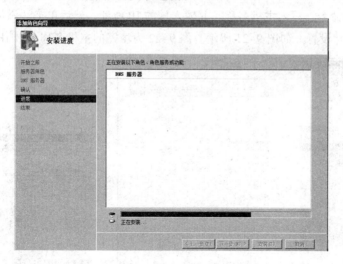

图 9-18　安装 DNS 操作之七

（8）图 9-19 显示了 DNS 服务已经安装成功，单击"关闭"按钮。

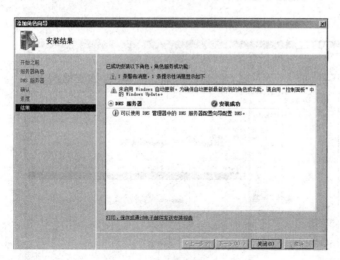

图 9-19　安装 DNS 操作之八

2. 配置 DNS

（1）在安装完 DNS 后，开始配置 DNS。打开如图 9-12 所示的窗口。

（2）打开"角色"选项，设置正向查找区域与反向查找区域，如图 9-20 所示。

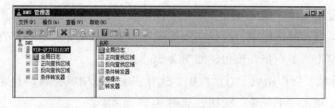

图 9-20　配置 DNS 操作之一

（3）设置"正向查找区域"。打开"正向查找区域"选项，找到设置的 DNS 域名，右击，选择"新建主机"命令。写入主机名称，并输入域的 IP 地址，然后单击"添加主机"按钮，完成 AD 域的安装与设置，如图 9-21 所示。图 9-22 为填完的主机名称及域 IP 地址。

图 9-21　配置 DNS 操作之二　　　　　图 9-22　配置 DNS 操作之三

（4）完成正向查找区域的配置，如图 9-23 所示。

图 9-23　配置 DNS 操作之四

（5）设置反向查找区域。右击"反向查找区域"，选择"新建区域"命令，如图 9-24 所示。

（6）在"欢迎使用新建区域向导"对话框中，单击"下一步"按钮，如图 9-25 所示。

（7）在"区域类型"对话框中，选择"主要区域"单选按钮，并选择"在 AD 中存储区域"前的复选框，单击"下一步"按钮，如图 9-26 所示。

（8）在"AD 区域复制作用域"对话框中，选择"至此域中域控制器上运行的所有 DNS 服务器"单选按钮，单击"下一步"按钮，如图 9-27 所示。

图 9-24　配置 DNS 操作之五

图 9-25　配置 DNS 操作之六

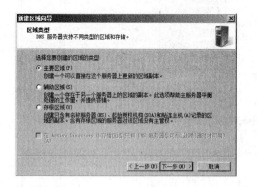

图 9-26　配置 DNS 操作之七

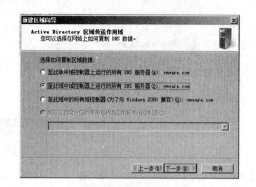

图 9-27　配置 DNS 操作之八

（9）在"反向查找区域名称"对话框中，输入网络 ID，单击"下一步"按钮，如图 9-28 所示。

（10）在"动态更新"对话框中，选择"只允许安全的动态更新"单选按钮，单击"下一步"按钮，如图 9-29 所示。

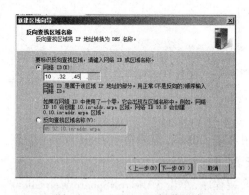

图 9-28　配置 DNS 操作之九

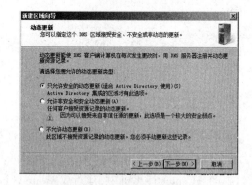

图 9-29　配置 DNS 操作之十

（11）在"正在完成新建区域向导"对话框中，可以看到类型、查找类型等，单击"完成"按钮，完成"反向查找区域"的设置，如图 9-30 所示。

（12）右击已建立的区域，选择"新建指针"命令，如图 9-31 所示。

（13）在"新建资源记录"对话框中输入主机的 IP 地址，选择主机名，单击"确定"按

钮，如图 9-32 所示。

（14）图 9-33 已完成反向查找的设置。

图 9-30　配置 DNS 操作之十一

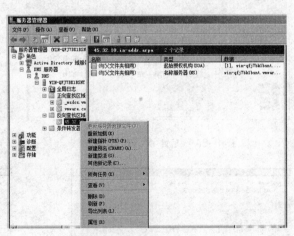

图 9-31　配置 DNS 操作之十二

图 9-32　配置 DNS 操作之十三

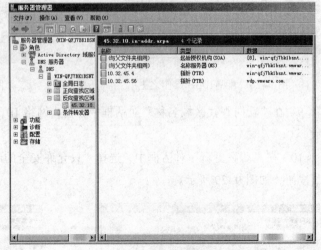

图 9-33　配置 DNS 操作之十四

9.3.3　安装 Web Client

VDP 需要 vSphere Web Client 进行管理，要使用 Web Client，需要在 vCenter Server 服务器上安装此功能。本节介绍 vSphere Web Client 的安装。

（1）在 vCenter 计算机中，运行 VMware vCenter 安装程序，单击 VMware vSphere Web Client 超链接，然后单击"安装"按钮。

（2）弹出"欢迎使用 VMware vSphere Web Client 的 InstallShield 向导"对话框，如图 9-34 所示。

（3）在"最终用户许可协议"对话框中，选中"我接受许可协议中的条款"单选按钮，如图 9-35 所示。

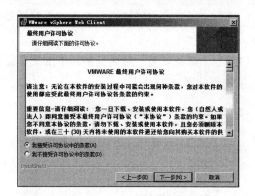

图 9-34　安装 Web Client 操作之一　　　　图 9-35　安装 Web Client 操作之二

（4）在"目标文件夹"对话框中，选中安装位置，通常为默认路径，如图 9-36 所示。

（5）在"配置端口"对话框中，为 vSphere Web Client 服务站点设置端口，其默认端口分别是 9090 和 9443，如图 9-37 所示。

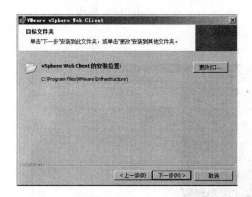

图 9-36　安装 Web Client 操作之三　　　　图 9-37　安装 Web Client 操作之四

（6）在"vCenter Single Sign On 信息"对话框中，输入 vCenter Single Sign On 管理员密码（见图 9-38），单击"下一步"按钮，会弹出分支证书的 SSL SHA1 指纹的对话框，单击"是"继续安装，如图 9-39 所示。

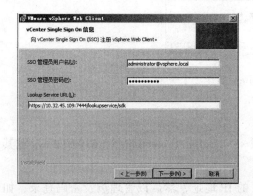

图 9-38　安装 Web Client 操作之五　　　　图 9-39　安装 Web Client 操作之六

（7）在"安装证书以进行安全连接"对话框中，单击"安装证书"，继续安装，如图 9-40 所示。

（8）在"准备安装"对话框中，单击"安装"按钮，开始安装，如图 9-41 所示。图 9-42 显示了安装进度。

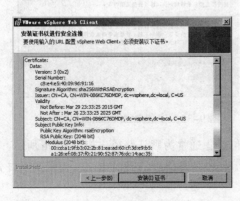

图 9-40　安装 Web Client 操作之七

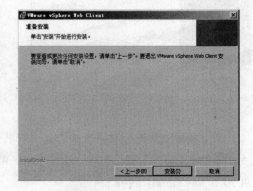

图 9-41　安装 Web Client 操作之八

（9）图 9-43 和图 9-44 为 Web Client 安装完成界面。

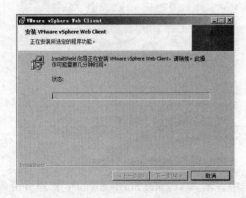

图 9-42　安装 Web Client 操作之九

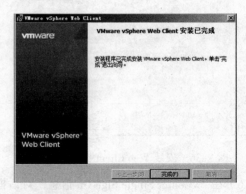

图 9-43　安装 Web Client 操作之十

图 9-44　安装 Web Client 操作之十一

9.3.4　使用 Web Client 部署 VDPA

安装 VDP 虚拟机，可以从 VMware 官网下载 vSphereDataProtection-5.5.6-0.0TB.ova 或其他版本 VDP 的 OVA 文件进行部署。

（1）使用 IE 浏览器登录 vSphere Web Client 的 IP 地址，然后以管理员及密码登录，如图 9-45 所示。

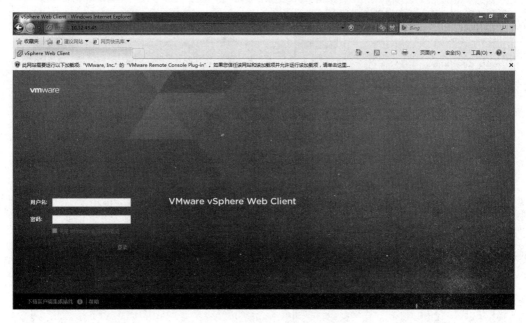

图 9-45 部署 VDPA 操作之一

（2）在第一次登录 Web 客户端时，单击左下角的"下载客户端集成插件"超链接，下载完后运行安装，如图 9-46 所示。

（3）在"欢迎使用 VMware Client Integration Plug-in 5.5.0 的安装向导"对话框中，单击"下一步"按钮，如图 9-47 所示。

图 9-46 部署 VDPA 操作之二   图 9-47 部署 VDPA 操作之三

（4）在"最终用户协议"对话框中，单击"下一步"按钮，如图 9-48 所示。

（5）在"目标文件夹"对话框中，选择 VMware Client Integration Plug-in 5.5.0 的安装位置，单击"下一步"按钮，如图 9-49 所示。

（6）在"准备安装插件"对话框中，单击"安装"按钮，开始安装插件，如图 9-50 所示，图 9-51 为安装过程。

（7）插件安装完成后，再次打开 Web Client 站点，输入管理员密码登录，进入 Web Client 界面，可以选中虚拟机进行管理，这与 vSphere Client 类似，如图 9-52 所示。

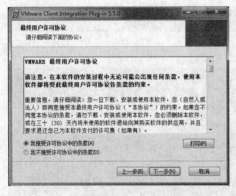

图 9-48　部署 VDPA 操作之四

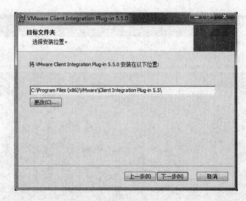

图 9-49　部署 VDPA 操作之五

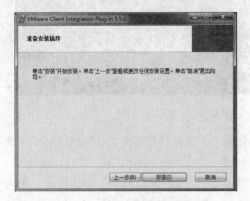

图 9-50　部署 VDPA 操作之六

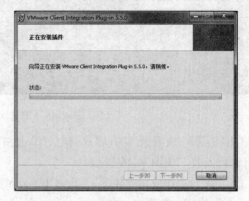

图 9-51　部署 VDPA 操作之七

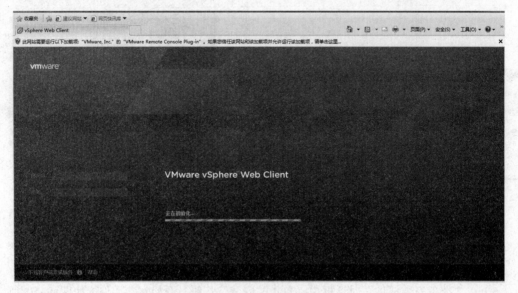

图 9-52　部署 VDPA 操作之八

（8）成功登录后，如图 9-53 所示。

（9）打开"数据中心"选项，在右侧的"操作"选项中右击，选择"部署 OVF 模板"命令，如图 9-54 所示。

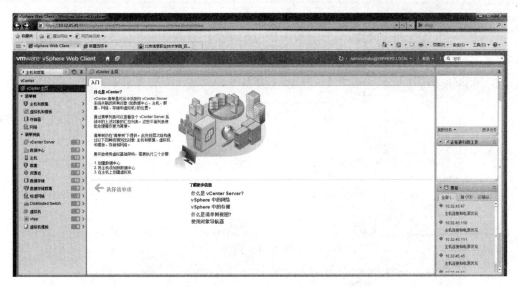

图 9-53　部署 VDPA 操作之九

图 9-54　部署 VDPA 操作之七

（10）在"部署 OVF 模板"对话框的"选择源"中选择"本地文件"单选按钮，单击"浏览"按钮选择 vSphere Data Protection 应用装置所在的源位置，如图 9-55 所示。

（11）在"部署 OVF 模板"对话框的"查看详细信息"中，显示了要部署的模板虚拟机详细信息，如图 9-56 所示。

（12）在"接受 EULA"对话框中，查看 VMware 最终用户许可协议，最后单击"接受"按钮，然后单击"下一步"按钮，如图 9-57 所示。

（13）在"部署 OVF 模板"对话框中的"选择名称和文件夹"对话框中，输入此 vSphere Data Protection 应用装置的名称，然后选择要部署到的文件夹或数据中心，单击"下一步"按钮继续安装，如图 9-58 所示。

图 9-55　部署 VDPA 操作之八

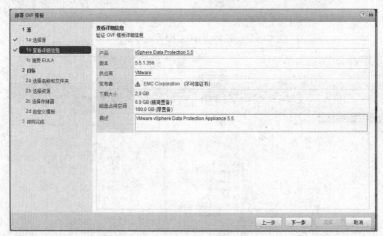

图 9-56　部署 VDPA 操作之九

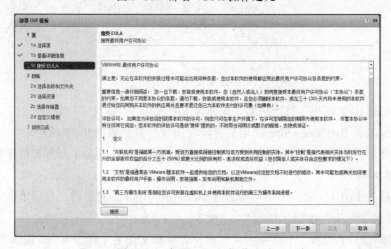

图 9-57　部署 VDPA 操作之十

（14）在"选择存储器"对话框中，选择虚拟磁盘格式为 Thin Provision 级精简置备磁盘，
注意选择存储器的位置，如图 9-59 所示。

图 9-58　部署 VDPA 操作之十一

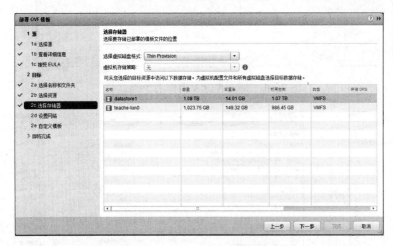

图 9-59　部署 VDPA 操作之十二

（15）在"设置网络"对话框中，为将要部署的虚拟机选择所属网络，单击"下一步"按钮继续安装，如图 9-60 所示。

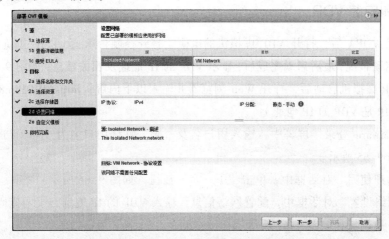

图 9-60　部署 VDPA 操作之十三

（16）在"即将完成"对话框中，显示了将要部署的 VDPA 虚拟机的详细信息，检查无误后，单击"完成"按钮，如图 9-61 所示。在图 9-62 中，vCenter 将部署 vSphere Data Protection 应用装置。监视"近期任务"，以确定部署何时完成。图 9-63 显示已成功部署了 OVF 模板。

图 9-61　部署 VDPA 操作之十四

图 9-62　部署 VDPA 操作之十五

图 9-63　部署 VDPA 操作之十六

9.3.5　配置和安装 VDP

（1）部署完 VDPA 后，打开 VDP 虚拟机的电源（打开控制台），会在 IE 浏览器中显示 VDP 虚拟机的启动情况，最后启动完成后，显示 VDP 的 IP 地址及相关信息，如图 9-64 所示。

（2）当 VDP 虚拟机启动后，打开 Web 浏览器并输入以下内容：https://VDPip:8543/vdp-configure（注：IP 是 VDP 的 IP 地址）。

（3）在"VMware 登录"屏幕中，输入用户名及密码，默认用户名为 root，初始密码为 changeme，如图 9-65 所示。

（4）在"欢迎使用"对话框中，单击"下一步"按钮，如图 9-66 所示。

（5）在"网络设置"对话框中，配置网络信息，输入 VDP 的 IP 地址、子网掩码、网关、DNS 及主机名、所属域，如图 9-67 所示。

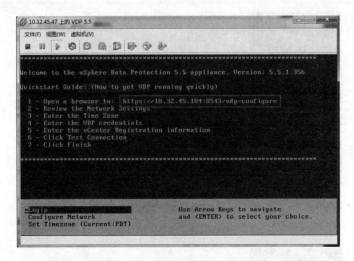

图 9-64　配置和安装 VDP 操作之一

图 9-65　配置和安装 VDP 操作之二

图 9-66　配置和安装 VDP 操作之三

（6）在"时区"对话框中，选择 Asia/Chongqing，并单击"下一步"按钮，如图 9-68 所示。

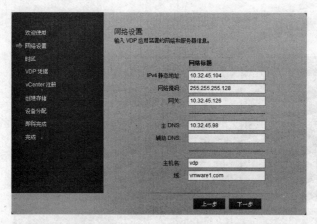

图 9-67　配置和安装 VDP 操作之四

图 9-68　配置和安装 VDP 操作之五

（7）在"VDP 凭据"对话框中，为 VDP 应用装置输入一个密码（初始密码为 changeme，在此设置初始后其初始密码将会失效）。VDP 的密码至少有一个大写字母、至少一个小写字母、至少一个数字并且不包含特殊字符，如图 9-69 所示。

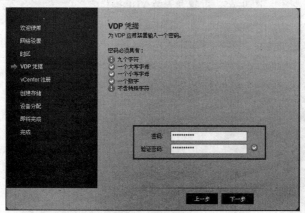

图 9-69　配置和安装 VDP 操作之六

（8）在"vCenter 注册"对话框中，输入 vCenter 完全域名，并单击"下一步"按钮，继续安装，如图 9-70 所示。

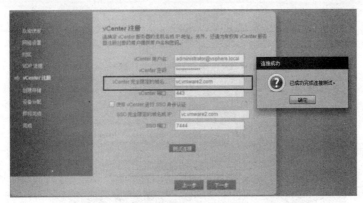

图 9-70　配置和安装 VDP 操作之七

注意：需要在 DNS 中设置 vCenter 的 vc.wmware.com，IP 地址与 vCenter 的访问地址一致。并利用 nslookup 确认。

（9）在"创建存储"对话框中，创建存储容量，如图 9-71 所示。存储容量的大小有 0.5 TB、1 TB 和 2 TB，本例中选择 0.5 TB，存储容量确定之后将无法更改。

图 9-71　配置和安装 VDP 操作之八

（10）在"设备分配"对话框中，单击"下一步"按钮，如图 9-72 所示，系统会自动进行配置和初始化，完成之后单击"确定"按钮。系统启动大约需要 30 min 如图 9-73 所示。

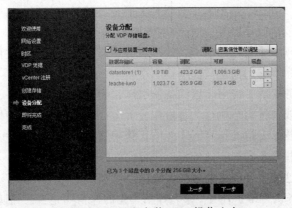

图 9-72　配置和安装 VDP 操作之九

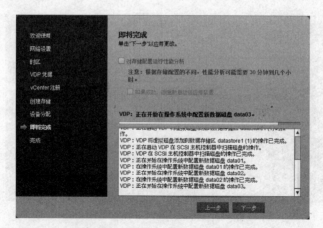

图 9-73　配置和安装 VDP 操作之十

（11）完成初始化配置之后，VDP 将自动进行重启，如图 9-74 所示。

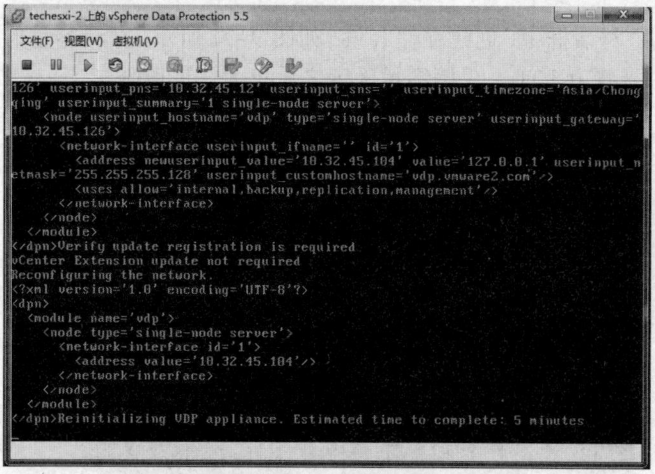

图 9-74　配置和安装 VDP 操作之十一

在安装 VDP 后，可对 VDP 应用装置进行配置。

（12）在 IE 地址栏中输入 https://VDPip:8543/vdp-configure 并按 Enter 键，输入用户名和密码，登录 VDP 可以在"状态"选项卡中查看相关服务器的运行状态，如果哪一个服务没有运行，手工选择"启动"运行该服务，如图 9-75 所示。

在 VDP "状态"选项卡中有核心服务、管理服务、文件系统服务、文件级恢复服务、维护服务以及备份计划程序。它们的意义如下：

核心服务：这些服务组成了应用装置的备份引擎，如果禁用这些服务，则没有任何备份作业（安排的备份作业或"按需"执行的备份作业）运行，并且不会启动任何恢复活动。

管理服务：必须在技术支持的指导下才能停止管理服务。

文件系统服务：这些服务允许装备备份以执行文件级恢复操作。

文件级恢复服务：这些服务支持管理文件级恢复操作。

维护服务：这些服务执行维护任务，录入评估备份的保留期是否已到期。在 vSphere Data Protection 应用装置运行的前 24 到 48 小时内，将禁用维护服务，这样给初始备份一些额外时间未完成。

备份计划程序：是启动计划备份作业的服务。如果停止它，则不运行任何安排的备份；仍然可以启动"按需"备份。

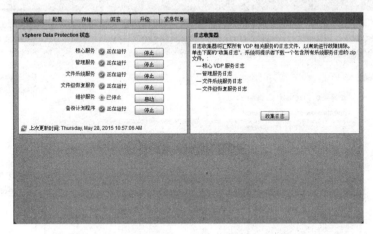

图 9-75　配置和安装 VDP 操作之十二

在图 9-75 中，日志收集器的作用是：使用日志文件器可以方便地将 vSphere Data Protection 应用装置的日志发送给支持人员。通过单击"收集日志"，可以从 vSphere Data Protection 服务将所有日志作为一个"捆绑的日志"下载。此时将显示"另存为"对话框，允许将日志包下载到运行 Web 浏览器的计算机的文件系统。日志包的名称为 LogBundle.zip。

（13）在"配置"选项卡中显示相关网络及主机名等信息及 VC 的注册信息，需要时可以进行更改，如图 9-76 所示。

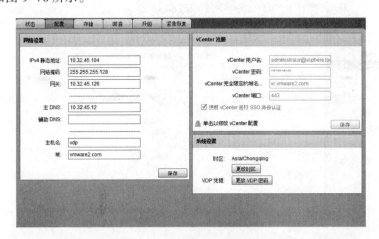

图 9-76　配置和安装 VDP 操作之十三

9.4　VDP 的 使 用

9.4.1　了解 VDP 用户界面

只能使用 vSphere Web Client 管理 VDP。

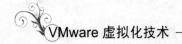
（1）从 Web 浏览器访问 vSphere Web Client，然后以管理员账户登录。在主界面中，如图 9-77 所示，选择 vSphere Data Protection。

图 9-77　VDP 主界面

（2）在"欢迎使用 vSphere Data Protection"，选择 vSphere Data Protection 应用装置，单击"连接"按钮，如图 9-78 所示。

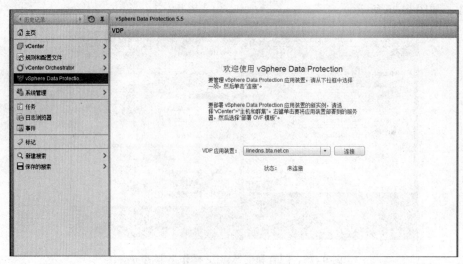

图 9-78　连接 VDP

（3）VDP 界面由"入门""备份""恢复""报告"和"配置"5 个选项卡组成，如图 9-79 所示。

入门：提供 VDP 功能概述，以及指向"创建新备份作业"向导、"恢复备份作业"向导及"报告"选项卡（"查看概况"）的快速链接。

图 9-79 VDP 界面组成

备份：提供计划的备份作业的列表以及有关每个备份作业的详细信息。还可以在此页面中创建和编辑备份作业。此页也提供了立即运行备份作业的功能。

恢复：提供可以恢复的成功备份的列表。

复制：提供可复制的成功备份的列表。

报告：提供有关 vCenter Server 中的虚拟机的备份状态报告。

配置：显示有关 VDP 具体配置的信息并允许编辑其中的某些设置。

9.4.2 管理备份作业

1. 创建备份作业

（1）在"入门"选项卡的在"基本任务"中单击"创建备份作业"按钮，如图 9-80 所示。

图 9-80 管理备份作业之一

（2）弹出"创建新备份作业"对话框，在"数据类型"中选择数据类型，本例选择"完整映像"类型，如图 9-81 所示。

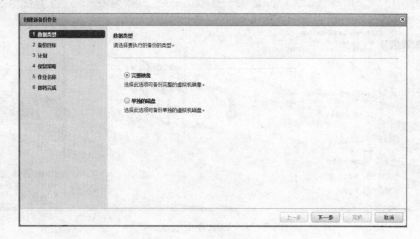

图 9-81　管理备份作业之二

（3）在"备份目标"中选择需要备份的虚拟机，本例选择"2008R2(64)-lhy"，如图 9-82 所示。

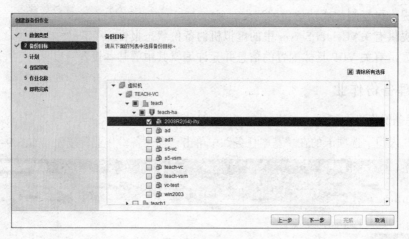

图 9-82　管理备份作业之三

VDP 不会备份下面的专用虚拟机：

- vSphere Data Protection 应用装置。
- VMware Data Recovery 应用装置。
- 模板。
- 辅助容错结点。
- 代理。
- Avamar Virtual Edition（AVE）服务器。

（4）在"计划"中可以指定备份作业中虚拟机的备份时间间隔，可用的时间间隔有每日、每周、每月，如图 9-83 所示。

（5）在"保留策略"中可以为备份指定保留期，如图 9-84 所示。

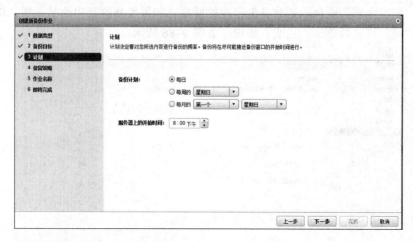

图 9-83　管理备份作业之四

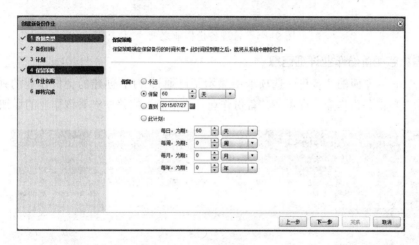

图 9-84　管理备份作业之五

（6）在"作业名称"中指定备份作业名称，该名称必须是唯一的，长度最多为 255 个字符，如图 9-85 所示。

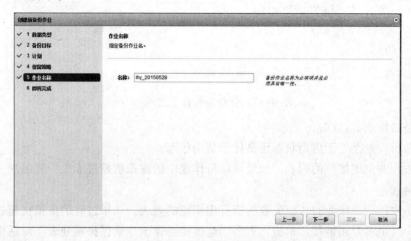

图 9-85　管理备份作业之六

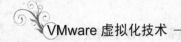
（7）在"即将完成"中显示新建备份作业的摘要。如果要修改其中的某一项，单击"上一步"按钮即可。确认后单击"完成"按钮，如图 9-86 所示。

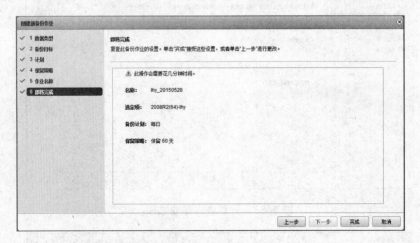

图 9-86　管理备份作业之七

2．查看状态和备份作业详细信息

（1）在 VDP 主界面的"备份"选项卡中显示了已通过 VDP 创建的备份作业的列表，如图 9-87 所示。单击备份作业，即可在"备份作业详细信息"窗格中查看该作业的详细信息。

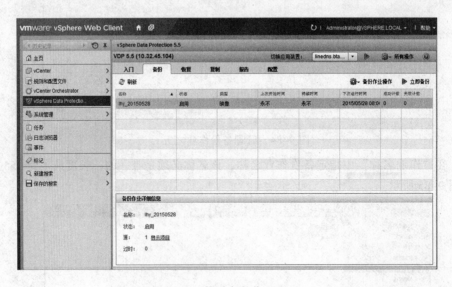

图 9-87　管理备份作业之八

名称：备份作业的名称。

状态：备份作业是处于启用状态还是处于禁用状态。

源：备份作业中虚拟机的列表。如果该备份作业中的虚拟机超过 6 个，将出现一个"显示项目"超链接。

过时：上次运行该作业时备份失败的所有虚拟机的列表。如果过时的虚拟机超过 6 个，则会显示一个"更多"超链接。单击"更多"超链接会弹出"受保护项列表"对话框，其中显示了该备份作业中所有虚拟机的列表。

（2）单击"立即备份"按钮，选择"备份所有源"命令，开始对虚拟机进行备份，如图 9-88 所示。

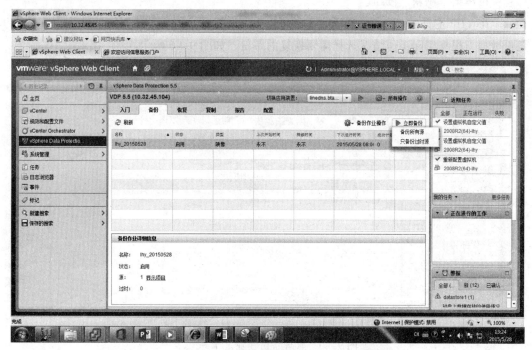

图 9-88　管理备份作业之九

（3）等待一段时间后即可完成虚拟机的备份操作，如图 9-89 所示。

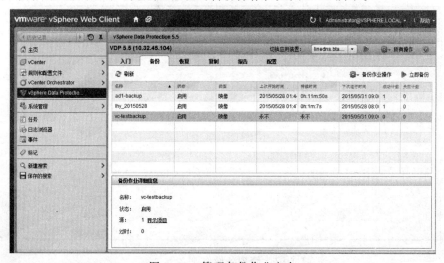

图 9-89　管理备份作业之十

3. 恢复备份

客户端备份后，就可以将这些备份恢复到原始位置或恢复到备用位置。

恢复操作是在"恢复"选项卡中执行的。"恢复"选项卡显示了 VDP 应用装置已备份的

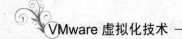

虚拟机的列表。通过在备份列表中导航，可选择并恢复特定备份。

"恢复"选项卡上所显示的信息随着时间的推移可能会过时。查看可用于恢复的最新备份信息，可单击"刷新"按钮。

（1）在 VDP 主页的"恢复"选项卡中，可以看到系统存在的备份数据信息，如果存在多个备份数据，根据实际工作情况选择需要恢复的备份，如图 9-90 所示。

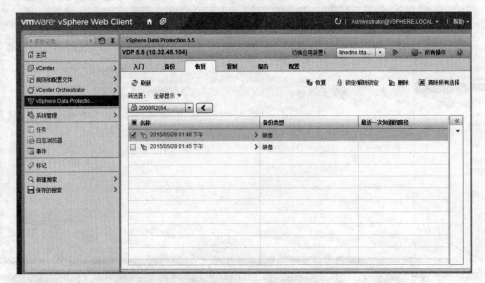

图 9-90　管理备份作业之十一

（2）进入恢复备份向导，选择恢复目标，单击"下一步"按钮，如图 9-91 所示。

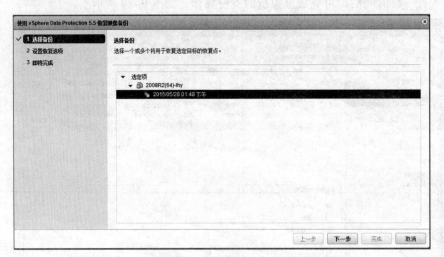

图 9-91　管理备份作业之十二

（3）设置备份恢复的选项，单击"下一步"按钮，如图 9-92 所示。

（4）确认恢复的参数是否正确，确认无误后，单击"完成"按钮，启动恢复，如图 9-93 所示。

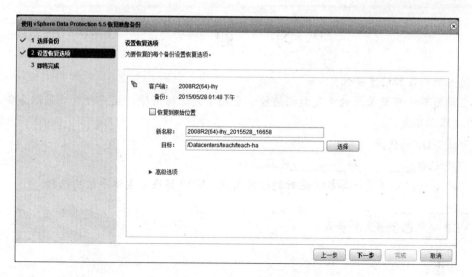

图 9-92　管理备份作业之十三

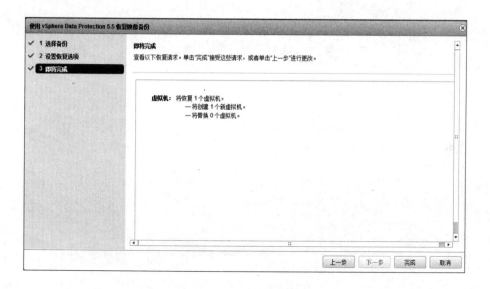

图 9-93　管理备份作业之十四

小　　结

　　vSphere Data Protection（VDP）是保护小型 vSphere 环境的理想备份和恢复解决方案，它支持快速、高效的磁盘备份，并且还支持快速、可靠的恢复。VDP 的主要特点包括高效的备份和恢复以及轻松进行配置和管理；体系架构由 vSphere5.1、vSphere Data Protection 应用装置和 vSphere Web Client 组成。安装 VDP 需要 5 个步骤：安装 AD 域、安装与配置 DNS、安装 Web Client、部署 OVF 模板、安装 VDP。使用 VDP 备份数据时，需要使用 vSphere Web Client 管理 VDP。

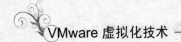
习　题

1. 简述数据备份的重要性。

2. 名词解释：可变长度的重复数据消除、全局重复数据消除、变更数据块跟踪备份、变更数据块跟踪恢复。

3. 简述 VDP 的优点。

4. VDP 包含_____和_____两层。

5. VDP 由一组在不同计算机上运行的组件构成，VDP 解决方案体系结构包括_____、_____和_____。

6. VDP 安装包含哪五个步骤？

→ vSphere 资源管理

资源管理是将资源从资源提供方分配到资源用户的一个过程。对于资源管理的需求来自于资源过载（即需求大于容量）以及需求与容量随着时间的推移而有所差异的事实。通过资源管理，可以动态重新分配资源，以便更高效地使用可用容量。

资源包括 CPU、内存、电源、存储器和网络资源。下面首先对 CPU 虚拟化和内存虚拟化进行介绍，然后对资源池和 DRS 进行描述。

10.1　CPU 虚拟化概念

ESXi 主机上的虚拟机所使用的 CPU 实际是 Virtual CPU（虚拟 CPU，简称 vCPU）。对于虚拟机来说，当分配 2 个 vCPU 给它时，并不是说它就拥有 2 个 CPU 的处理能力，因为 CPU 是虚拟出来的，当 vCPU 能够映射到一个 Logical CPU（逻辑 CPU，简称 1CPU）时，vCPU 才具有处理能力。

1. 逻辑 CPU 概念

1CPU 可以代表 1 个物理 CPU，如果这个物理 CPU 具有 1 个核心，那么 1CPU 的数量为 1。但如果物理 CPU 具有 4 个核心，对于 1CPU 来说数量就是 4。根据图 10-1 来了解 1CPU 与 vCPU 的对应关系：

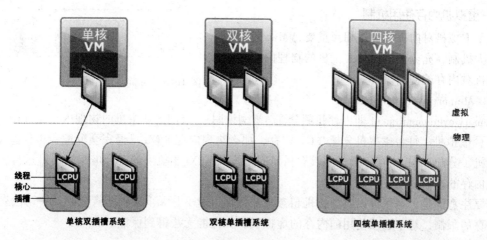

图 10-1　1CPU 与 vCPU 的对应关系

（1）第一台虚拟机具有 1 个 vCPU，那么它映射 1 个 1CPU 就可以获得相应的处理能力。

（2）第二台虚拟机具有 2 个 vCPU，那么它需要映射 2 个 1CPU 才能获得相应的处理能力。

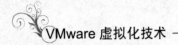

（3）第三台虚拟机具有 4 个 vCPU，那么它需要映射 4 个 1CPU 才能获得相应的处理能力。

也就是说，虚拟机所使用的 vCPU 必须映射到 1CPU 才能获得相应的处理能力。

2. CPU 超线程

超线程（Hyper Threading，HT）是 Intel CPU 中使用的一项技术。

HT 技术是在物理 CPU 的 1 个核心中整合了 2 个 CPU，相当于 1 个核心可以同时处理 2 个线程，极大地提升了物理 CPU 的性能。超线程的 1CPU 与 vCPU 的对应关系如图 10-2 所示。

使用 HT 技术的物理 CPU 的 1 个核心相当于 2 个 CPU。

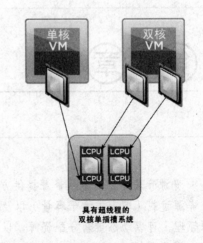

图 10-2　1CPU 与 vCPU 的对应关系

10.2　内存虚拟化概念

1. 内存虚拟机的基础

在 vSphere 虚拟化架构中，一共有 3 层内存，如图 10-3 所示。

（1）ESXi 主机物理内存：可向虚拟机提供可编址的连续内存空间。

（2）客户 OS 物理内存：该内存由 VMkernel 提供给虚拟机。

（3）客户 OS 虚拟内存：该内存由操作系统提供给应用程序。

2. 虚拟机内存使用机制

由于虚拟机对内存的使用相当重要，VMware 也提供了几大机制，充分利用 ESXi 主机的物理内存以保障虚拟机对内存的使用。

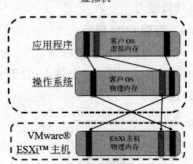

图 10-3　Sphere 虚拟化架构内存的使用

（1）Memory overcommitment

Memory overcommitment 即内存超额分配。举例说明：一台 ESXi 主机的物理内存是 8 GB，创建 4 台虚拟机，每台虚拟机分配 2 GB 内存，那么物理内存 8 GB 已经完全分配，再创建 1 台虚拟机，分配 2 GB 内存，操作上没有任何问题，而 ESXi 主机上的 5 台虚拟机均可运行，这就是内存的超额分配技术。

需要注意的是，虽然可以对虚拟机超额分配内存，但不是无上限的随意分配，一切依靠物理内存的限制，对于超额使用的内存的虚拟机，其性能无法得到保证。

（2）Balloon driver

Balloon driver 技术允许虚拟机在内存使用不足的情况下将硬盘的部分空间作为 Swap（交换分区）来使用，也就是虚拟机的部分内存可能由硬盘提供。

需要注意的是，如果使用传统硬盘，其读写速度会影响 Swap 的性能。为此，vSphere5.0 版本加强了对 SDD 硬盘的支持，利用 SDD 硬盘的读写速度来提供 Swap 的性能。

（3）Transparent Page Sharing

Transparent Page Sharing 技术让虚拟机共享具有相同内容的内存页面，避免太多重复的内容占用物理内存。

（4）Memory compression

Memory compression 技术只在物理内存竞争激烈时使用，内存页面压缩为 2 KB，并且存储在每个虚拟机的压缩缓冲区。

10.3　管理资源池

资源池是一个逻辑抽象概念，用于分层管理 CPU 和内存资源。它可用于独立主机或启用了 vSphere DistributedResource Scheduler（DRS）的集群。资源池可为虚拟机和子级池提供资源，并对它们进行配置。然后便可向其他个人或组织委派对资源池的控制权。

微课：谁动了我的汉堡—资源池

使用资源池具有如下优点：

（1）灵活的层次结构组织

根据需要添加、移除或重组资源池，或者更改资源分配。

（2）资源池之间相互隔离，资源池内部相互共享

顶级管理员可向部门级管理员提供一个资源池。某部门资源池内部的资源分配变化不会对其他不相关的资源池造成不公平的影响。

（3）访问控制和委派

顶级管理员使资源池可供部门级管理员使用后，该管理员可以在当前的份额、预留和限制设置向该资源池授予的资源范围内进行所有的虚拟机创建和管理操作。委派通常结合权限设置一起执行。

（4）资源与硬件的分离

如果使用的是已启用 DRS 的群集，则所有主机的资源始终会分配给群集。这意味着管理员可以独立于提供资源的实际主机进行资源管理。如果将 3 台 2 GB 主机替换为 2 台 3 GB 主机，无需对资源分配进行更改。

这一分离可使管理员更多地考虑聚合计算能力而非各个主机。

（5）管理运行多层服务的各组虚拟机

为资源池中的多层服务进行虚拟机分组，无需对每个虚拟机进行资源设置，相反，通过更改所属资源池上的设置，可以控制对虚拟机集合的聚合资源分配。

操作视频：创建和使用资源池

10.3.1　创建资源池

对于资源池的使用，可分为 ESXi 主机和集群。资源池的创建和使用非常简单，创建好资源池后将虚拟机拖入分组即可。

（1）在已建立的 Cluster 集群上右击，选择"新建资源池"命令，创建新的资源池，如图 10-4 所示。

（2）在"创建资源池"对话框中，输入资源池的名称 Resource Pool，设置 CPU 以及内存资源，选择"高"，单击"确定"按钮，如图 10-5 所示。

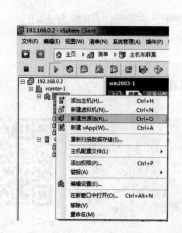

图 10-4　选择"新建资源池"命令

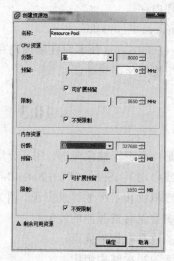

图 10-5　"创建资源池"对话框

在图 10-5 中，份额是指定此资源池相对于父级的总资源的份额值。同级资源池根据由其预留和限制限定的相对份额值共享资源。有 3 个级别可以选择：低、正常或高，这 3 个级别分别按 1：2：4 的比率指定份额值；选择自定义可为每个虚拟机提供表示比例权重的特定份额数。

预留：为此资源池指定保证的 CPU 或内存分配量。默认值为 0。非零预留将从父级（主机或资源池）的未预留资源中减去。这些资源被认为是预留资源，无论虚拟机是否与该资源池相关联也是如此。

可扩展预留：选中此复选框（默认设置）后，会在接入控制过程中考虑可扩展预留。

如果在该资源池中打开一台虚拟机的电源，并且虚拟机的总预留大于该资源池的预留，则该资源池可以使用父级或父项的资源。

限制：指定此资源池的 CPU 或内存分配量的上限。通常可以接受默认值（无限）。要指定限制，需取消选中"不受限制"复选框。

（3）重复第二步，在"创建资源池"对话框中，输入资源池的名称 Resource Pool low，设置 CPU 以及内存资源，选择"低"，单击"确定"按钮。

图 10-6 是创建好的资源池 Resource Pool 和 Resource Pool low。

10.3.2　将虚拟机添加到资源池

在资源池创建完成后，可以将虚拟机迁移到新建的资源池中。将虚拟机移至新的资源池时，该虚拟机的预留和限制不会发生变化。如果该虚拟机的份额为高、中或低，份额百分比会有所调整以反映新资源池中使用的份额总数。如果已为该虚拟机指定了自定义份额，该份额值将保持不变。

（1）创建好资源池后将虚拟机直接拖入资源池即可。本例中将名为 openfiler 和 Win2003 的虚拟机加入到 Resource Pool 资源池中，将名为 win2003-1 的虚拟机加入到 Resource Pool low 资源池中，如图 10-7 所示。

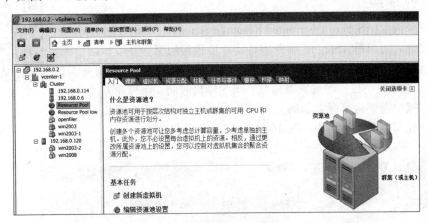

图 10-6　资源池创建完成界面

图 10-7　虚拟机添加到资源池界面

（2）虚拟机迁移到资源池后，选择 Cluster 集群，选择"摘要"选项卡，可以看到集群中显示的 CPU 的总资源以及所有内存容量的总和，如图 10-8 所示。

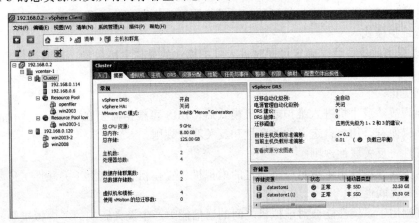

图 10-8　"摘要"选项卡

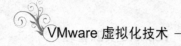

10.4　分布式资源调配

10.4.1　DRS 概述

　　分布式资源调配（ vSphere Distributed Resource Scheduler , DRS ）是 vSphere 的高级特性之一，可以跨 vSphere 服务器持续地监视利用率，并可根据业务 需求在虚拟机之间智能分配和平衡可用资源。VMware DRS 能够整合服务器，降低 IT 成本，增强灵活性；通过灾难修复，减少停机时间，保持业务的持续 性和稳定性；减少需要运行服务器的数量以及动态地切断当前未需使用的服务器的电源，提高能源的利用率。图 10-9 为 DRS 示意图。

微课：谁也别偷懒——
分布式资源调配

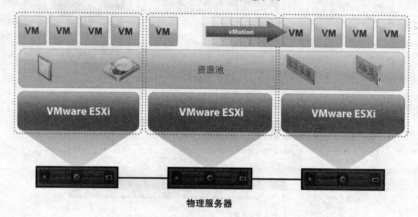

图 10-9　DRS 示意图

1. DRS 的主要功能

（1）初始放置

当集群中的某个虚拟机启动时，系统计算 ESXi 主机的负载情况，DRS 会将其放在一个适当的主机上，或者根据选择的自动化级别生成放置建议。

（2）负载平衡

DRS 可以跨集群中的 vSphere 主机分配虚拟机工作负载。DRS 持续监控活动工作负载和可用资源，并执行或建议执行虚拟机迁移，以最大限度地提高工作负载性能。

（3）集群维护模式

DRS 可根据当前集群情况确定可同时进入维护模式的最佳主机数量，从而加快 VMware Update Manager 的修补过程。

（4）限制更正

在主机出现故障或主机进入维护或待机模式后，DRS 可根据需要在 vSphere 主机间重新分配虚拟机，以便符合用户自定义的关联性和反关联性规则。

（5）关联性、反关联性规则

虚拟机的关联性规则用于指定应将选定的虚拟机放置在相同主机上（关联性）还是放在不同主机上（反关联性）。

关联性规则用于系统性能会对虚拟机之间的通信能力产生极大影响的多虚拟机系统。

反关联性规则用于负载平衡或要求高可用性的多虚拟机系统。

2．DRS 工作原理

DRS 分配资源的方式有两种：将虚拟机迁移到另外一台具有更多合适资源的服务器上，或者将该服务器上其他的虚拟机迁移出去，从而为该虚拟机腾出更多的"空间"。虚拟机在不同物理服务器上的实时迁移是由 VMware VMotion 来实现的，迁移过程对终端用户是完全透明的。DRS 能够从以下 3 个层面帮助客户调度资源：

（1）根据业务优先级动态地调整资源

① 平衡计算容量。

② 降低数据中心的能耗。

③ 根据业务需求调整资源。

DRS 将 vSphere 主机资源聚合到集群中，并通过监控利用率并持续优化虚拟机跨 vSphere 主机的分发，将这些资源动态自动分发到各虚拟机中。

（2）将 IT 资源动态分配给优先级最高的应用。

① 为业务部门提供专用的 IT 基础架构，同时仍可通过资源池化获得更高的硬件利用率。

② 使业务部门能够在自己的资源池内创建和管理虚拟机。

（3）平衡计算容量

DRS 不间断地平衡资源池内的计算容量，以提供物理基础架构所不能提供的性能、可扩展性和可用性级别。

① 提高服务级别并确保每个虚拟机能随时访问相应资源。

② 通过在不中断系统的情况下重新分发虚拟机，轻松部署新容量。

③ 自动将所有虚拟机迁出物理服务器，以进行无停机的计划内服务器维护允许系统管理员监控和有效管理更多的 IT 基础架构，提高管理员的工作效率。

10.4.2　配置分布式资源调配

（1）使用 vClient 登录 VCenter Server，在"新建数据中心"上右击，选择"新建群集"命令，创建 DRS 集群，如图 10-10 所示。

（2）输入创建集群的名称，选择"打开 vSphere DRS"复选框，单击"下一步"按钮，如图 10-11 所示。

操作视频：配置 DRS

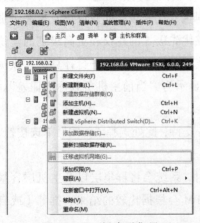

图 10-10　创建群集界面

图 10-11　"新建群集向导"对话框

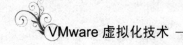

（3）设置 DRS 自动级别，虚拟机开机和迁移使用。选择"手动"单选按钮，单击"下一步"按钮，如图 10-12 所示。

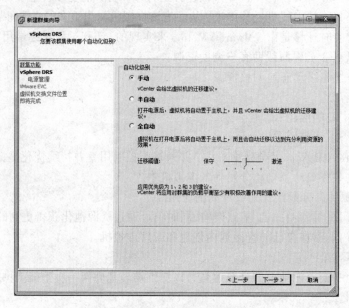

图 10-12　DRS 自动化设置界面

DRS 的自动化级别分为手动模式、半自动模式和全自动模式。在自动模式中，DRS 自行进行判断，拟定虚拟机在物理服务器之间的最佳分配方案，并自动将虚拟机迁移到最合适的物理服务器上。在半自动模式中，虚拟机打开电源启动时自动选择在某台 ESXi 主机上启动。当 ESXi 负载过重需要迁移时，由系统给出建议，必须确认后才能执行操作。在手动模式中，VMware DRS 提供一套虚拟机放置的最优方案，然后由系统管理员决定是否根据该方案对虚拟机进行调整。

迁移阈值是系统对 ESXi 主机负载情况的监控，分为 5 个等级。可以移动阈值滑块以使用从"保守"到"激进"这 5 个设置中的一个。这 5 种迁移设置将根据其所分配的优先级生成建议。每次将滑块向右移动一个设置，将会允许包含下一较低优先级的建议。"保守"设置仅生成优先级 1 的建议（强制性建议），向右的下一级别则生成优先级 2 的建议以及更高级别的建议，然后依次类推，直至"激进"级别，该级别生成优先级 5 的建议和更高级别的建议（即所有建议）。每个迁移建议的优先级是使用群集的负载不平衡衡量指标进行计算的。该衡量指标在 vSphere Web Client 中的群集"摘要"选项卡中显示为"当前主机负载标准偏差"。负载越不平衡，所生成迁移建议的优先级会越高。

（4）设置电源管理选项，此选择需要特殊的 UPS 设备支持，此处选择"关闭"单选按钮，单击"下一步"按钮，如图 10-13 所示。

DRS 包含分布式电源管理（DPM）功能。启用 DPM 时，系统会将群集层以及主机层容量和运行在群集中的虚拟机所需要的容量做比较。然后，DPM 会根据比较的结果，推荐（或自动执行）一些可减少群集功耗的操作。

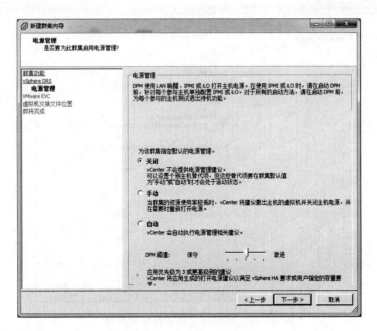

图 10-13　电源管理设置界面

（5）设置 CPU 的 EVC 模式，选择"为 Intel 主机启用 EVC"模式，单击"下一步"按钮，如图 10-14 所示。

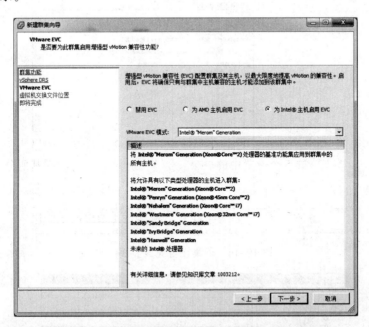

图 10-14　VMware EVC 设置界面

（6）在"虚拟机交换文件位置"对话框中，设置虚拟机交换文件策略，选择"将交换文件存储在与虚拟机使用相同的目录中"，单击"下一步"按钮，如图 10-15 所示。

（7）完成准备操作，单击"完成"按钮，如图 10-16 所示。

（8）在主机和群集界面，可以看到一个名为 Cluster 的群集创建完成，如图 10-17 所示。

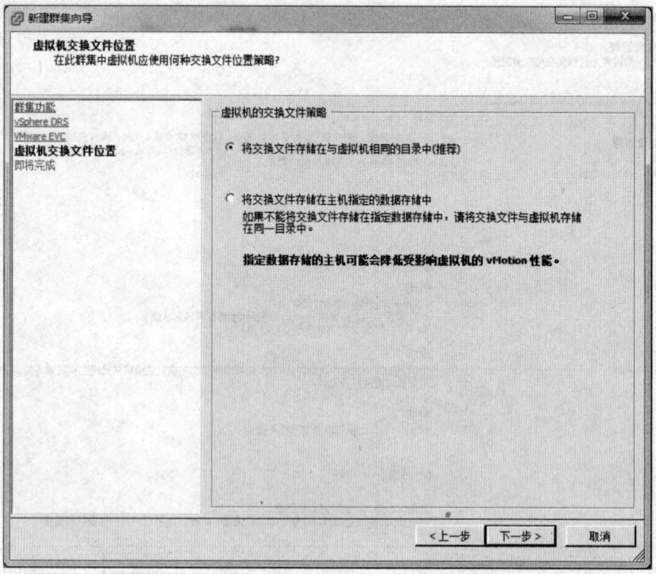

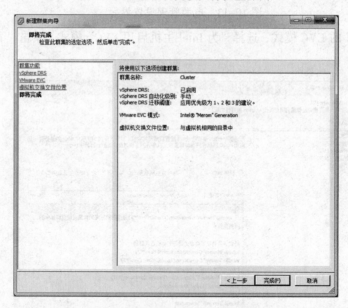

图 10-15　虚拟机交换文件位置界面

图 10-16　群集设置完成界面

图 10-17　群集创建完成界面

（9）在群集创建完成后，可以将主机加入到群集中，方法是直接拖动主机到群集中即可。本例中将 ESXi01（192.168.0.114）主机加入 Cluster 集群中。按住 192.168.0.114 不放直接拖入 Cluster 即可，出现"选择目标资源池"对话框，单击"下一步"按钮，如图 10-18 所示。

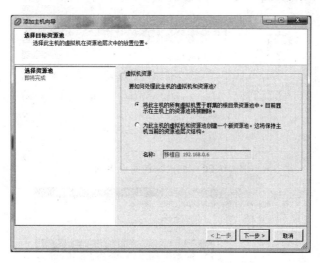

图 10-18　向集群添加主机界面

（10）完成准备操作，如图 10-19 所示。

图 10-19　主机添加完成对话框

（11）使用相同的方法将 ESXi02（192.168.0.6）主机加入集群。图 10-20 显示 ESXi 主机 192.168.0.114 和 192.168.0.6 添加完成界面，如图 10-20 所示。

10.4.3　使用分布式资源调配

1. DRS 手动级别在虚拟机开机状态下的应用

（1）在虚拟机 win2003 上右击，选择"电源"→"打开电源"命令，打开虚拟机电源，如图 10-21 所示。在图 10-22 中，会给出选择主机开启

使用 DRS

虚拟机的建议。

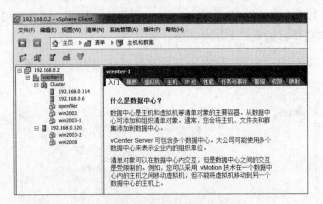

图 10-20　主机添加完成界面

图 10-21　选择"打开电源"命令

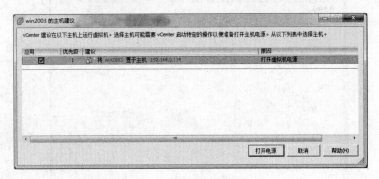

图 10-22　主机选择建议界面

（2）在虚拟机 win2003-1 上右击，选择"电源"→"打开电源"命令，打开虚拟机电源，如图 10-23 所示。在图 10-24 中，会给出选择主机开启虚拟机的建议。

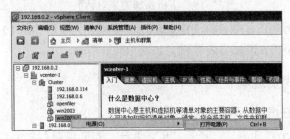

图 10-23　选择"打开电源"命令

以上两台虚拟机使用 DRS 自动级别中的手动模式打开电源启动虚拟机。

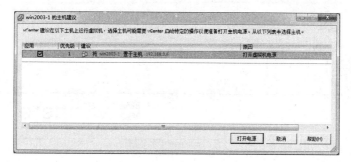

图 10-24　主机选择建议界面

（3）在"主机和群集"界面，选择 win2003-1，选择"摘要"选项卡，可以查看该虚拟机运行的 ESXi 主机信息，如图 10-25 所示。

图 10-25　"摘要"选项卡

小　　结

资源管理是将资源从资源提供方分配到资源用户的一个过程。资源包括 CPU、内存、电源、存储器和网络资源。本章中首先介绍了 CPU 虚拟化和内存虚拟化；然后描述了资源池的定义及优点并讲述了如何创建资源池；最后描述了 DRS 的定义及主要功能并详细介绍了如何配置和使用分布式资源池。

习　　题

1. 解释 1CPU 与 vCPU 的对应关系。
2. 解释逻辑 CPU 和 CPU 超线程的定义。
3. 在 vSphere 虚拟化架构中，一共有 3 层内存：＿＿＿＿＿、＿＿＿＿＿和＿＿＿＿＿。
4. 解释资源池的定义以及资源池的优点。
5. DRS 的主要功能包括哪些？
6. 解释 DRS 工作原理。
7. DRS 的自动化级别分为＿＿＿＿＿、＿＿＿＿＿和＿＿＿＿＿。

第11章

➡ vSphere 可用性

无论是计划停机时间还是非计划停机时间，都会带来相当大的成本。但是，用于确保更高级别可用性的传统解决方案都需要较大开销，并且难以实施和管理。VMware 软件可为重要应用程序提供更高级别的可用性，并且操作更简单，成本更低。本章中介绍提供专业连续性的解决方案 vSphere High Availability（HA）和 vSphere Fault Tolerance。

11.1　虚拟机高可用性

虚拟机高可用性（VMware vSphere High Availability，HA）被广泛应用于虚拟化环境中用于提升虚拟机可用性功能。vSphere HA 的工作机制是监控虚拟机以及运行这些虚拟机的 ESXi 主机，通过配置合适的策略，当群集中的 ESXi 主机或者虚拟机出现故障时，可在具有备用容量的其他生产服务器中自动重新启动受影响的虚拟机，最大限度地保证重要的服务不中断。若操作系统出现故障，vSphere HA 会在同一台物理服务器上重新启动受影响的虚拟机，如图 11-1 所示。这些为实现高度可用的环境奠定了基

微课：生命不息服务
不止—vSphere 高
可用

础。vSphere HA 在整个虚拟化 IT 环境中实现软件定义的高可用性，无需使用硬件解决方案，降低了成本。

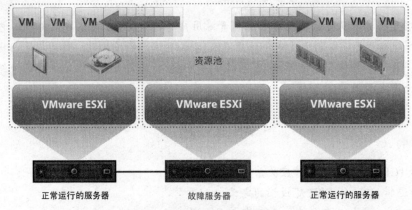

图 11-1　vSphere High Availability

11.1.1　HA 的优势

vSphere HA 利用配置为群集的多台 ESXi 主机，为虚拟机中运行的应用程序提供快速中断恢复和具有成本效益的高可用性。vSphere HA 具有以下 4 方面的优势：

（1）最小化设置。设置 vSphere HA 群集之后，群集内的所有虚拟机无需额外配置即可获得故障切换支持。

（2）减少了硬件成本和设置。虚拟机可充当应用程序的移动容器，可在主机之间移动，管理员可以避免在多台计算机上进行重复配置。使用 vSphere HA 时，必须拥有足够的资源来对要通过 vSphere HA 保护的主机数进行故障切换，但是，vCenter Server 系统会自动管理资源并配置群集。

（3）提高了应用程序的可用性。虚拟机内运行的任何应用程序的可用性变得更高。虚拟机可以从硬件故障中恢复，提高了在引导周期内启动的所有应用程序的可用性，而且没有额外的计算需求，即使该应用程序本身不是群集应用程序也没关系。通过监控和响应 VMware Tools 检测信号并重新启动未响应的虚拟机，可防止客户机操作系统崩溃。

（4）DRS 和 vMotion 集成。如果主机发生了故障，并且在其他主机上重新启动了虚拟机，则 DRS 会提出迁移建议或迁移虚拟机以平衡资源分配。如果迁移的源主机和/或目标主机发生故障，则 vSphere HA 会帮助其从该故障中恢复。

11.1.2　vSphere HA 的工作方式

vSphere HA 可以将虚拟机及其所驻留的主机集中在群集内，从而为虚拟机提供高可用性。群集中的主机均会受到监控，如果发生故障，故障主机上的虚拟机将在备用主机上重新启动。

创建 vSphere HA 群集时，会自动选择一台主机作为首选主机。首选主机可与 vCenter Server 进行通信，并监控所有受保护的虚拟机以及从属主机的状态。可能会发生不同类型的主机故障，首选主机必须检测并相应地处理故障。首选主机必须可以区分故障主机与处于网络分区中或已与网络隔离的主机。首选主机使用网络和数据存储检测信号来确定故障的类型。

1. 首选主机和从属主机

在将主机添加到 vSphere HA 群集时，代理将上载到主机，并配置为与群集内的其他代理通信。群集中的每台主机作为首选主机或从属主机运行。

如果为群集启用了 vSphere HA，则所有活动主机（未处于待机或维护模式的主机或未断开连接的主机）都将参与选举以选择群集的首选主机。挂载最多数量的数据存储的主机在选举中具有优势。每个群集通常只存在一台首选主机，其他所有主机都是从属主机。如果首选主机出现故障、关机或处于待机模式或者从群集中移除，则会进行新的选举。

群集中的首选主机具有很多职责：

（1）监控所有从属主机的状况。当从属主机发生故障或无法访问，首选主机将确定需要重新启动的虚拟机。

（2）监控所有受保护虚拟机的电源状况。如果有一台虚拟机出现故障，首选主机可确保重新启动该虚拟机。

（3）发送心跳信息给从属主机，让从属主机知道首选主机的存在并管理群集主机和受保护的虚拟机列表。

（4）充当群集的 vCenter Server 管理界面并报告群集健康状况，vCenter Server 在正常情况下只和首选主机通信。

从属主机的职责如下：

（1）从属主机主要通过本地运行虚拟机、监控其运行时状况和向首选主机报告状况更新对群集发挥作用。首选主机也可运行和监控虚拟机。从属主机和首选主机都可实现虚拟机和应用程序监控功能。

（2）从属主机监控首选主机的健康状态，如果首选主机出现故障，从属主机将会参与首选主机的选举。

2. 主机故障类型和检测

vSphere HA 群集的首选主机负责检测从属主机的故障。根据检测到的故障类型，在 ESXi 主机上运行的虚拟机可能需要进行故障切换。在 vSphere HA 群集中，EXSi 主机故障分为 3 种情况：

（1）故障——主机停止运行。ESXi 主机停止运行一般归纳为主机由于物理硬件故障或电源等原因停止响应，停止运行的主机上的虚拟机会在 HA 群集中其他 ESXi 主机上重新启动。

（2）隔离——主机与网络隔离。

（3）分区——主机失去与首选主机的网络连接。首选主机监控群集中从属主机的活跃度。此通信通过每秒交换一次网络检测信号来完成。当首选主机停止从从属主机接收这些检测信号时，它会在声明该主机已出现故障之前检查主机活跃度。首选主机执行的活跃度检查是要确定从属主机是否在与数据存储之一交换检测信号。而且，首选主机还检查主机是否对发送至其管理 IP 地址的 ICMP ping 进行响应。

如果首选主机无法直接与从属主机上的代理进行通信，则该从属主机不会对 ICMP ping 进行响应，并且该代理不会发出被视为已出现故障的检测信号。会在备用主机上重新启动主机的虚拟机。如果此类从属主机与数据存储交换检测信号，则首选主机会假定它处于某个网络分区或隔离网络中，因此会继续监控该主机及其虚拟机。

当主机仍在运行但无法再监视来自管理网络上 vSphere HA 代理的流量时，会发生主机网络隔离。如果主机停止监视此流量，则它会尝试 ping 群集隔离地址。如果仍然失败，主机将声明自己已与网络隔离。

3. 主机故障响应方式

当 ESXi 主机发生故障而重新启动虚拟机时，可以使用"虚拟机重新启动优先级"控制重新启动的虚拟机的顺序，使用"主机隔离响应"关闭运行的虚拟机电源。

（1）虚拟机重新启动优先级

虚拟机重新启动优先级确定主机发生故障后为虚拟机分配资源的相对顺序。系统会将这些虚拟机分配到具有未预留容量的主机，首先放置优先级最高的虚拟机，然后是那些低优先级的虚拟机，直到放置了所有虚拟机或者没有更多的可用群集容量可满足虚拟机的预留或内存开销为止。然后，主机将按优先级顺序重新启动分配给它的虚拟机。如果没有足够的资源，vSphere HA 将等待，直到更多的未预留容量变得可用（例如，由于主机重新联机），然后重试放置这些虚拟机。要降低此状况发生的可能性，请配置 vSphere HA 接入控制以便针对故障预留更多的资源。接入控制允许用户控制为虚拟机预留的群集容量，如果发生故障，这些容量无法用于满足其他虚拟机的预留和内存开销。

此设置的值为已禁用、低、中（默认）和高。vSphere HA 的虚拟机/应用程序监控功能会忽略"已禁用"设置，因为该功能可保护虚拟机免受操作系统级别故障而不是虚拟机故障。当出现操作系统级别故障时，vSphere HA 将重新引导操作系统，而虚拟机将在同一台主机上继续运行。可更改各个虚拟机的这种设置。虚拟机的重新启动优先级设置因用户需求而有所不同。

（2）主机隔离响应

主机隔离响应是 vSphere HA 群集内的某个主机失去其管理网络连接但仍继续运行时出现的情况。可使用隔离响应使 vSphere HA 关闭独立主机上运行的虚拟机电源，然后在非独立主机上将其重新启动。主机隔离响应要求启用"主机监控状态"。如果"主机监控状态"处于禁用状态，则主机隔离响应将同样被挂起。当主机无法与其他主机上运行的代理通信且无法 ping 其隔离地址时，该主机确定其已被隔离。然后，主机会执行其隔离响应。响应为"关闭虚拟机电源再重新启动虚拟机"或"关闭再重新启动虚拟机"，还可为各个虚拟机自定义此属性。

4. 网络分区

在 vSphere HA 群集发生管理网络故障时，该群集中的部分主机可能无法通过管理网络与其他主机进行通信。一个群集中可能会出现多个分区。

已分区的群集会导致虚拟机保护和群集管理功能降级。请尽快更正已分区的群集。

（1）虚拟机保护

vCenter Server 允许虚拟机打开电源，但仅当虚拟机与负责它的首选主机在相同的分区中运行时，才能对其进行保护。首选主机必须与 vCenter Server 进行通信。如果首选主机以独占方式锁定包含虚拟机配置文件的数据存储上的系统定义的文件，则首选主机将负责虚拟机。

（2）群集管理

vCenter Server 可以与首选主机通信，但仅可与从属主机的子集通信。因此，只有在解决分区之后，配置中影响 vSphere HA 的更改才能生效。此故障可能会导致其中一个分区在旧配置下操作，而另一个分区使用新的设置。

11.1.3　vSphere HA 互操作性

在本节中主要介绍 vSphere HA 和 DRS 的结合使用。

将 vSphere HA 和 Distributed Resource Scheduler（DRS）一起使用，可将自动故障切换与负载平衡相结合。这种结合会在 vSphere HA 将虚拟机移至其他主机后生成一个更平衡的群集。

vSphere HA 执行故障切换并在其他主机上重新启动虚拟机时，其首要的优先级是所有虚拟机的立即可用性。虚拟机重新启动后，其上打开虚拟机电源的主机可能会负载过重，而其他主机的负载则相对较轻。vSphere HA 会使用虚拟机的 CPU、内存预留和开销内存来确定主机是否有足够的空闲容量容纳虚拟机。

在结合使用 DRS 和 vSphere HA 并且启用了接入控制的群集内，可能不会从正在进入维护模式的主机上撤出虚拟机。这种行为的出现是由于用于重新启动虚拟机的预留资源出现了故障，必须使用 vMotion 将虚拟机手动迁出主机。

在某些情况下，vSphere HA 可能由于资源限制而无法对虚拟机进行故障切换。这种情况的出现有多种原因：

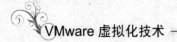
（1）禁用了 HA 接入控制，但启用了 Distributed Power Management（DPM）。这会导致 DPM 将虚拟机整合到较少数量的主机上，并将空主机置于待机模式，使得没有足够的已打开电源容量来执行故障切换。

（2）虚拟机–主机关联性规则（必需）可能会限制可以容纳某些虚拟机的主机。

（3）可能有足够多的聚合资源，但这些资源在多台主机上是资源碎片，因此虚拟机无法使用它们进行故障切换。

在这些情况下，vSphere HA 可使用 DRS 尝试调整群集（例如，通过使主机退出待机模式或者迁移虚拟机以整理群集资源碎片），以便 HA 执行故障切换。

如果 DPM 处于手动模式，则可能需要确认主机打开电源建议。同样，如果 DRS 处于手动模式，可能需要确认迁移建议。

如果使用虚拟机–主机关联性规则，则不能违反这些规则。如果执行故障切换违反规则，则 vSphere HA 将不会执行故障切换。

如果为群集创建 DRS 关联性规则，可以指定在虚拟机故障切换过程中 vSphere HA 应用此规则的方式。

可以为以下两种类型的规则指定 vSphere HA 故障切换行为：

（1）虚拟机反关联性规则在故障切换操作过程中强制指定的虚拟机保持分离。

（2）虚拟机–主机关联性规则在故障切换操作过程中将指定的虚拟机放在特定主机或一组定义主机的成员上。

编辑 DRS 关联性规则时，必须选中一个或多个强制执行 vSphere HA 的所需故障切换行为的复选框。

（1）HA 必须在故障切换过程中遵守虚拟机反关联性规则，如果将具有此规则的虚拟机放在一起，则将中止故障切换。

（2）HA 应在故障切换过程中遵守虚拟机–主机关联性规则，vSphere HA 尝试将具有此规则的虚拟机放在指定的主机上（如果可能）。

11.2　VMware Fault Tolerance

vSphere HA 通过在主机出现故障时重新启动虚拟机来为虚拟机提供基本级别的保护。vSphere Fault Tolerance（FT）可提供更高级别的可用性，允许用户对任何虚拟机进行保护以防止主机发生故障时丢失数据、事务或连接。

微课："0"等待—vSphere 容错

Fault Tolerance 通过确保主虚拟机和辅助虚拟机的状态在虚拟机的指令执行的任何时间点均相同来提供连续可用性。

如果运行主虚拟机的主机或运行辅助虚拟机的主机发生故障，则会发生即时且透明的故障切换。正常运行的 ESXi 主机将无缝变成主虚拟机的主机，而不会断开网络连接或中断正在处理的事务。使用透明故障切换，不会有数据损失，并且可以维护网络连接。在进行透明故障切换之后，将重新生成新的辅助虚拟机，并将重新建立冗余。整个过程是透明且全自动的，并且即使 vCenter Server 不可用，也会发生。

vSphere Fault Tolerance（FT）通过创建与主实例保持虚拟同步的虚拟机实时影子实例，

使应用在服务器发生故障的情况下也能够持续可用。通过在发生硬件故障时在两个实例之间进行即时故障切换，FT 完全消除了数据丢失或中断的风险。

11.2.1 vSphere Fault Tolerance 概览

1. vSphere Fault Tolerance 的功能

vSphere HA 通过在主机出现故障时重新启动虚拟机来为虚拟机提供基本级别的保护，而 vSphere Fault Tolerance 可提供更高级别的可用性，它允许用户对任何虚拟机进行保护以防止主机发生故障时丢失数据、事务或连接。FT 可完成如下功能：

（1）在受保护的虚拟机响应失败时自动触发无缝的有状态故障切换，从而实现零停机、零数据丢失的持续可用性。

（2）在故障切换后自动触发新辅助虚拟机的创建工作，以确保应用受到持续保护，如图 11-2 所示。

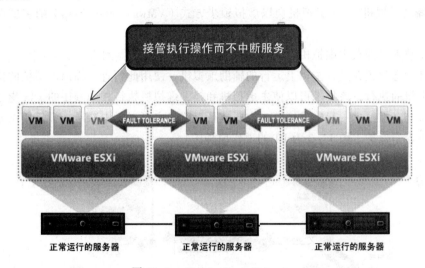

图 11-2　vSphere Fault Tolerance

Fault Tolerance 可提供比 vSphere HA 更高级别的业务连续性。当调用辅助虚拟机以替换与其对应的主虚拟机时，辅助虚拟机会立即取代主虚拟机的角色，并会保存其整个状况。应用程序已在运行，并且不需要重新输入或重新加载内存中存储的数据。这不同于 vSphere HA 提供的故障切换，故障切换会重新启动受故障影响的虚拟机。

2. vSphere Fault Tolerance 的主要特点

（1）不论使用何种操作系统或底层硬件，均可为应用提供保护

Fault Tolerance 可以保护所有虚拟机，包括自主开发的应用，以及无法用传统的高可用性产品来保护的自定义应用。

① 与所有类型的共享存储都兼容，包括光纤通道、iSCSI、FCoE 和 NAS。

② 与 VMware vSphere 支持的所有操作系统兼容。

③ 可与现有的 vSphere DRS 和 High Availability（HA）集群协同工作，从而实现高级负载平衡和经优化的初始虚拟机放置。

④ 特定于 FT 的版本控制机制，允许主虚拟机和辅助虚拟机在具有不同但兼容的补丁程

序级别的 FT 兼容主机上运行。

（2）易于设置，可按虚拟机启用和禁用

由于 Fault Tolerance 利用了现有的 vSphere HA 集群，因此可以使用 FT 保护集群中任意数量的虚拟机。对于要求在某些关键时段（如季末处理）获得持续保护的应用，可以利用 FT 更加有效地保证它们在这些时段可用。

只需在 vSphere Web Client 中轻松执行单击操作，即可启用或禁用 FT，使管理员能够根据需要使用其功能。

11.2.2　vSphere FT 的工作方式

vSphere Fault Tolerance 通过创建和维护与主虚拟机相同，且可在发生故障切换时随时替换主虚拟机的辅助虚拟机，来确保虚拟机的连续可用性。

管理员可以为大多数运行关键任务的虚拟机启用 Fault Tolerance，它会创建一个重复虚拟机（称为辅助虚拟机），该虚拟机会以虚拟锁步方式（VMware vLockstep）随主虚拟机一起运行。

虚拟锁步技术可捕获主虚拟机上发生的输入和事件（从处理器到虚拟 I/O 设备），并将这些输入和事件发送到正在另一主机上运行的辅助虚拟机。使用此信息，辅助虚拟机的执行将等同于主虚拟机的执行，该技术可以使主虚拟机和辅助虚拟机执行相同顺序的 x86 指令。因为辅助虚拟机与主虚拟机一起以虚拟锁步方式运行，所以它可以无中断地接管任何点处的执行，从而提供容错保护。图 11-3 为 FT 的工作原理图。

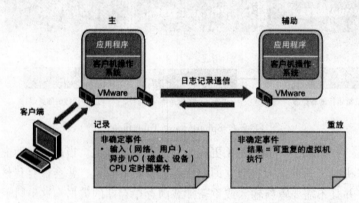

图 11-3　FT 的工作原理

主虚拟机和辅助虚拟机可持续交换检测信号，此交换信号使得虚拟机对中的虚拟机能够监控彼此的状态，以确保持续提供 Fault Tolerance 保护。如果运行主虚拟机的主机发生故障，系统将会执行透明故障切换，此时会立即启用辅助虚拟机以替换主虚拟机，并将启动新的辅助虚拟机，同时在几秒钟内重新建立 Fault Tolerance 冗余。如果运行辅助虚拟机的主机发生故障，则该主机也会立即被替换。在任一情况下，用户都不会遭遇服务中断和数据丢失的情况。整个过程是透明且全自动的，并且即使 vCenter Server 不可用，该过程也同样会发生。

容错虚拟机及其辅助副本不允许在相同主机上运行，此限制可确保主机故障无法导致两个虚拟机都丢失。用户也可以使用虚拟机-主机关联性规则来确定要在其上运行指定虚拟机的主机。如果使用这些规则，对于受这种规则影响的任何主虚拟机，其关联的辅助虚拟机也受这些规则影响。

Fault Tolerance 可避免"裂脑"情况的发生，此情况可能会导致虚拟机在从故障中恢复后存在两个活动副本。共享存储器上锁定的原子文件用于协调故障切换，以便只有一端可作为主虚拟机继续运行，并由系统自动重新生成新辅助虚拟机。

11.2.3　vSphere FT 互操作性

vSphere Fault Tolerance 面临一些有关 vSphere 功能、设备及其可与之交互的其他功能的限制，容错虚拟机不支持以下 vSphere 功能：

（1）快照。在虚拟机上启用 Fault Tolerance 前，必须移除或提交快照。此外，不可能对已启用 Fault Tolerance 的虚拟机执行快照。

（2）Storage vMotion。不能为已启用 Fault Tolerance 的虚拟机调用 Storage vMotion。要迁移存储器，应当先暂时关闭 Fault Tolerance，然后再执行 Storage vMotion 操作。在完成迁移之后，可以重新打开 Fault Tolerance。

（3）链接克隆。不能在为链接克隆的虚拟机上使用 Fault Tolerance，也不能从启用了 FT 的虚拟机创建链接克隆。

（4）虚拟机组件保护（VMCP）。如果群集已启用 VMCP，则会为关闭此功能的容错虚拟机创建替代项。

（5）FT 不支持虚拟卷数据存储。

（6）FT 不支持基于存储的策略管理。

（7）FT 不支持 I/O 筛选器。

小　　结

虚拟机高可用性广泛应用于虚拟化环境中用于提升虚拟机可用性，其工作机制是监控虚拟机以及运行这些虚拟机的 ESXi 主机，通过配置合适的策略，当群集中的 ESXi 主机或者虚拟机出现故障时，可在具有备用容量的其他生产服务器中自动重新启动受影响的虚拟机，最大限度地保证重要的服务不中断。HA 减少了硬件成本和设置，提高了应用程序的可用性，能够和 DRS 的结合使用。Fault Tolerance 通过确保主虚拟机和辅助虚拟机的状态在虚拟机的指令执行的任何时间点均相同来提供连续可用性。vSphere Fault Tolerance 不论使用何种操作系统或底层硬件，均可为应用提供保护并且易于设置，可按虚拟机启用和禁用。

习　　题

1. FT 提供比 vSphere HA 级别更高的业务连续性，这种说法是否正确？
2. 简述 HA 的优势及工作机制。
3. 简述 FT 的功能及主要特点。
4. 容错虚拟机不支持哪些 vSphere 功能？
5. 简述 vSphere HA 和 DRS 关联性规则。

第12章

➡ 实训项目

将巩固所讲内容，设计此实训项目。项目需要完成的任务如下：

（1）在物理机上安装 VMware Workstation pro 和 VMware Client。

（2）在 VMware Workstation 中安装 3 台主机 VMware ESXi01、VMware ESXi02 和 VMware ESXi03。

（3）在 VMware Workstation 中部署 Openfiler 外部存储。

（4）在主机 VMware ESXi01 中安装 64 位 Windows Server 2008 R2 操作系统，并安装 VMware vCenter 6.0。

（5）在主机 VMware ESXi02 中安装 Windows Server 2003 操作系统，并配置 iSCSI 存储。

（6）在主机 VMware ESXi03 中配置标准交换机。

（7）虚拟机操作：在 VMware vCenter 中创建数据中心，添加主机，对虚拟机克隆并使用模板部署虚拟机，使用 vMotion 迁移虚拟机。

（8）在物理机上安装 vConverter，并进行 V2V 转换虚拟机。

（9）管理 ESXi 主机资源。

12.1　项目模拟实训环境

1. 硬件和软件环境要求

表 12-1 和表 12-2 分别列出了实施该项目所需的硬件和软件环境。

表 12-1　项目硬件环境要求

硬　件	要求和建议
CPU	4 个或以上的 CPU
处理器	主机系统必须具有核心速度至少为 1.3 GHz 的 64 位 x86 CPU
内存	至少提供 8 GB 的 RAM
磁盘存储	200 GB 可用磁盘空间或者更大的磁盘空间
网络	建议使用千兆位连接

表 12-2　项目软件环境要求

软　件	要求和建议
操作系统	Windows 7*64 或以上版本安装 VMware Workstation pro，模拟物理服务器安装 Windows Server 2008 R2 版本，作为安装 VMware vCenter 的安装环境

软　　　件	要求和建议
虚拟软件	VMware Workstation pro
VMware vCenter	6.0 版本
VMware ESXi	6.0 版本
Openfiler	openfileresa-2.99.1-x86_64 版本
VMware Convert	VMware-converter-en-5.5.3-2183569
VMware Client	6.0 版本

2. 网络拓扑

网络拓扑图如图 12-1 所示。

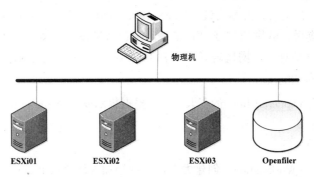

图 12-1　网络拓扑图

3. IP 地址划分

各个设备 IP 地址划分如表 12-3 所示。

表 12-3　IP 地址划分

设　　　备	IP 地址分配
ESXi01	10.32.45.32
ESXi02	10.32.45.33
ESXi03	10.32.45.34
vCenter	10.32.45.35
OPenfiler	10.32.45.36

4. 内存与硬盘分配

各虚拟机所需的内存大小与硬盘数量和空间如表 12-4 所示。

表 12-4　各虚拟机的内存与硬盘分配表

设　　　备	内存空间	硬盘数量	硬盘空间
ESXi01	12 GB	1	100 GB
ESXi02	8 GB	1	80 GB
ESXi03	8 GB	1	80 GB
OPenfiler	2 GB	3	60 GB

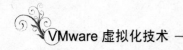

12.2 安 装 设 备

1. **安装** VMware Workstation pro

在物理机上双击 VMware Workstation pro 安装软件，安装 VMware Workstation pro。详细的安装过程见第 1.2.3 节。

2. **安装** VMware ESXi

双击安装好的 VMware Workstation pro，创建 3 个虚拟机，分别命名为 VMware ESXi01、VMware ESXi02 和 VMware ESXi03，用来安装 3 台 ESXi 主机。

（1）在安装过程中，网络方式选择"桥接方式"。

（2）内存和硬盘容量的设置如表 12-4 所示。

（3）在创建完虚拟机后，开始安装 VMware ESXi 主机，安装过程见第 3.3 节。

（4）在安装完成后，分别通过 ESXi 控制台设置 VMware ESXi01、VMware ESXi02 和 VMware ESXi03 的 IP 地址、子网掩码等，如表 12-3 所示，具体的配置过程见第 3.4 节。

3. **安装** vSphere Client

在物理机上双击 vSphere Client 的安装软件，根据提示安装 vSphere Client，具体安装步骤见第 3.5 节。

4. **安装** Openfiler

（1）打开 VMware Workstation，创建虚拟机，并增加 3 块 20 GB 的硬盘。

（2）安装 Openfiler，在安装过程中，网络地址设置为 10.32.45.36，将 Openfiler 系统安装到第 1 块硬盘 sda 上，具体的安装过程见第 7.3.1 节。

（3）安装完 Openfiler 后，配置 Openfiler。

进入登录界面，默认用户名为 Openfiler，初始密码为 password，单击 log in。

使用 Firefox 或 IE 浏览器登录 Openfiler 系统。在地址栏中输入 https:// 10.32.45.36:446，开始配置 Openfiler，具体的配置过程见第 7.3.2 节。

12.3 管理 VMware ESXi

1. **管理** VMware ESXi01

在该主机中安装 64 位的 Windows Server 2008 R2，安装 VMware vCenter 6.0。

（1）使用 vClient 登录到 VMware ESXi01 主机，用户名为 root，IP 地址为 10.32.45.32。

（2）创建虚拟机名为 win2008 的虚拟机，内存大小设置为 8GB，网络连接方式设置为"桥接方式"，硬盘容量为 80 GB。

（3）安装 Windows Server 2008 R2，安装完成后安装 VMware Tools，更改 IP 地址为 10.32.45.35，创建虚拟机与安装 Windows Server 2008 R2 的具体过程见第 3.6 节。

（4）安装完成后，需建立 Windows Server 2008 R2 的快照，以防在安装 VMware vCenter 6.0 过程中出现故障，无法恢复系统。

（5）安装 VMware vCenter 6.0，在安装前，关闭 Windows Server 2008 R2 的防火墙，在安

装过程中注意密码的设置，具体安装步骤见第 4.2.2 节。

2. **管理** VMware ESXi02

在该主机里安装 64 位的 Windows Server 2008 R2，安装 VMware vCenter 6.0。

（1）使用 vClient 登录到 VMware ESXi01 主机，用户名为 root，IP 地址为 10.32.45.32。

（2）创建虚拟机名为 win2008 的虚拟机，内存大小设置为 8 GB，网络连接方式设置为"桥接方式"，硬盘容量为 80 GB。

（3）安装 vCenter，具体的安装过程见第 4.2.2 节。

12.4   配置标准交换机

为主机 VMware ESXi03 配置标准交换机：

（1）关闭 ESXi03 主机，修改 VMware ESXi03 虚拟机设置，添加 1 块虚拟机网卡。网络连接模式设置为"网桥"模式。

（2）开启 VMware ESXi03 主机，并使用 vClient 登录，为该主机添加加一块控制网卡，具体步骤见第 6.3.1 节。

（3）为标准交换机添加 vSphere 标准交换机，具体步骤见第 6.3.2 节。

12.5   配置 iSCSI 外部存储

在 VMware ESXi02 上配置 iSCSI 外部存储：

（1）开启 VMware ESXi02。

（2）开启 Openfiler 存储。

（3）使用 vSphere Client 登录 ESXi（10.32.45.33）主机；开始配置 iSCSI 存储，具体步骤见 7.3.2。

12.6   虚拟机操作

在 VMware vCenter 中创建数据中心，添加主机，克隆虚拟机并使用模板部署虚拟机，使用 vMotion 迁移虚拟机。

（1）开启 ESXi01 主机。

（2）使用 vClient 登录到 ESXi01，并打开虚拟机 win2008。

（3）使用 vClient 登录到 vCenter，用户名为 administrator@vsphere.local；IP 地址为 10.32.45.35。

（4）登录成功后，创建名为 vCenter data center 的数据中心，具体步骤见第 4.3.1 节。

（5）将 ESXi02（10.32.45.33）主机和 ESXi03（10.32.45.34）主机添加到数据中心 vCenter data center。

（6）将 ESXi02（10.32.45.33）主机中的虚拟机 win2003 使用"克隆为模板"的方式制作成模板，并部署到 ESXi03（10.32.45.34）主机，命名为 win2003-1，具体步骤见第 4.3.4 节。

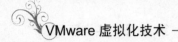

（7）将 ESXi03（10.32.45.34）中的 win2003-1 虚拟机使用 vMotion 的方式迁移到同一个数据中心的 ESXi02（10.32.45.33）主机，具体步骤见第 5.2.2 节。

12.7　使用 vConverter 迁移虚拟机

（1）在物理机安装 vConverter 软件，该软件可以从 VMware 的官方网站上下载。

（2）在本实训项目中，将 ESXi02（10.32.45.33）主机中的 win2003-1 迁移成为 VMware Workstation 中的虚拟机，并命名为 win2003-2。

（3）在迁移前，必须关闭 ESXi02（10.32.45.33）主机中的虚拟机 win2003-1，具体的迁移步骤见第 8.3 节。

（4）迁移成功后，可以双击迁移出的虚拟机 win2003-2，该虚拟机将在 VMware Workstation 中打开。

12.8　管理 ESXi 主机资源

管理 ESXi 主机资源主要完成的任务包括配置分布式资源调配和创建资源池。

（1）使用 vClient 登录 vCenter Server，在 vCener data center 上右击，选择"新建群集"命令，创建 DRS 集群，命名为 Cluster。

（2）将 ESXi02（192.168.0.6）主机和 ESXi03（10.32.45.34）主机加入集群 Cluster。

（3）在已建立的 Cluster 集群上右击，选择"新建资源池"，创建新的资源池，并命名为 Resource Pool，在创建完资源池后，将虚拟机 win2003 和 win2003-1 加入到该资源池。

小　结

本章中主要通过实训项目对安装 ESXi 主机、安装 vCenter、安装 vClient 等进行模拟；对管理 ESXi 主机、配置标准交换机、配置 iSCSI 存储和对虚拟机操作以及管理 ESXi 资源池进行了模拟训练。